Aviation Bookstore
aviation step by step

AF859931

Airbus A320

Sistema Automático de Vuelo

Aviation Bookstore
aviation step by step

Introducción

El sistema de vuelo de un Airbus A320 es uno de los más avanzados del mercado aeronáutico. Resulta de la sumatoria de un conjunto de funciones y características que se desarrollan dentro de un sistema principal que permite la navegación de la aeronave, la gestión de los recursos de vuelo y una completa autonomía operacional.

El piloto de un A320 debe comprender en detalles a la operación de este sistema de vuelo automático, con el fin de lograr aprovechar al máximo sus capacidades y bondades. Características que pocas aeronaves comerciales poseen y que en esta magnifica obra de ingeniería marcan la diferencia.

La seguridad operacional es uno de los pilares del sistema automático de vuelo. En esta obra aprenderás todos los detalles relacionados con esta fabulosa herramienta que ofrece Airbus y que ha cambiado la forma de volar para siempre.

Capt. Facundo Conforti

Aviation Bookstore
aviation step by step

Aviation Bookstore
aviation step by step

Índice

Aviation Bookstore
aviation step by step

Capítulo 1

Generalidades del sistema automático de vuelo automático

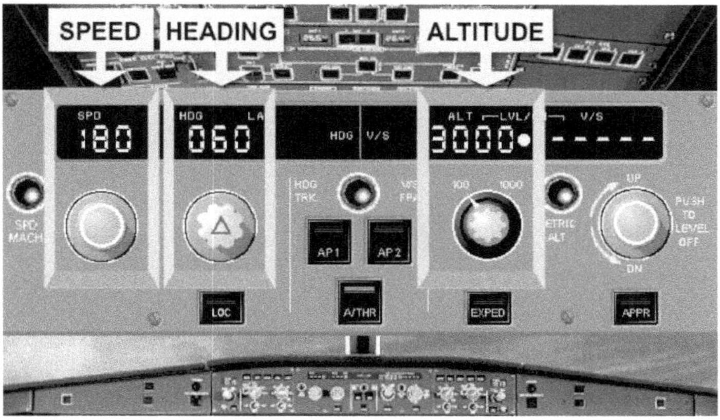

Aviation Bookstore
aviation step by step

Introducción

El sistema automático de vuelo del A320 fue diseñado para reducir la carga de trabajo de los pilotos, maximizar la seguridad y optimizar la performance de la aeronave. Veamos su principio básico de funcionamiento. El sistema automático de vuelo consiste en 4 secciones principales. El corazón del sistema es una sección de cómputos y procesamiento de la información recibida desde dos fuentes o secciones diferentes. Una fuente de información provista por todos los sistemas y sensores del avión y otra fuente de información ingresada manualmente por los pilotos. Esta información es computada y procesada para luego pasar a la ultima sección donde se representa la información.

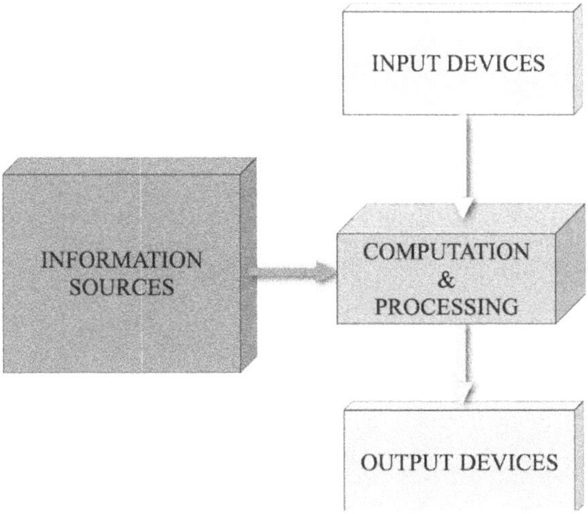

Como mencionábamos anteriormente, el corazón del sistema automático de vuelo es su "Centro de Cómputos y Procesamiento de Informacion", el cual se conoce como FMGC (Flight Management and Guidance Computer), un sistema instalado por duplicado en cada aeronave que ofrecen un trabajo en conjunto, a pesar de trabajar independientemente una de otra. La información llega al FMGC por dos fuentes diferentes. Una de ellas, es automática y provee información de navegación, performance, información proveniente de los ADIRS, del GPS y del reloj.

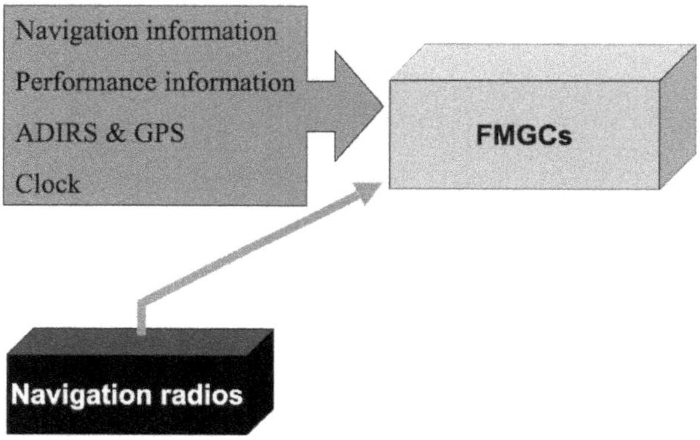

La segunda fuente de información, esta en la cabina de mando y es operada manualmente por los pilotos. Por un lado la MCDU (Multipurpose Control and Display Unit), donde el piloto ingresa manualmente todos los datos necesarios y por otro lado el FCU (Flight Control Unit), donde el piloto selecciona los parámetros de velocidad, rumbo, altitud, etc. Una vez que el sistema del FMGC posee toda la información necesaria, la transmite a diversos sectores para ser presentada a los pilotos y a los sistemas automáticos de vuelo para que controlen el avión, como el AUTOPILOT (AP), AUTOTHRUST (A/THR) y el sistema EFIS.

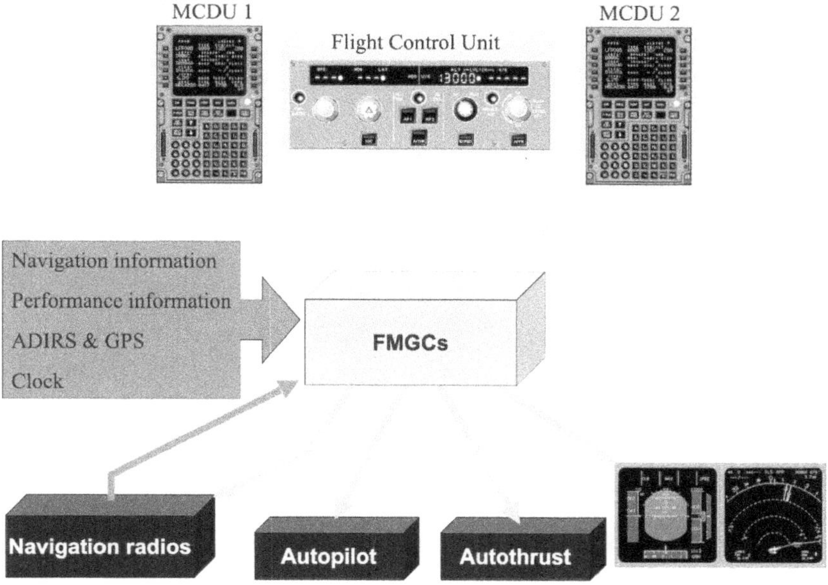

Sistema FMGC

El sistema se divide en tres partes importantes: Flight Management, o manejo de los recursos del vuelo. Flight Guidance, o guía del vuelo. Flight Augmentation, u optimizador de los recursos del vuelo.

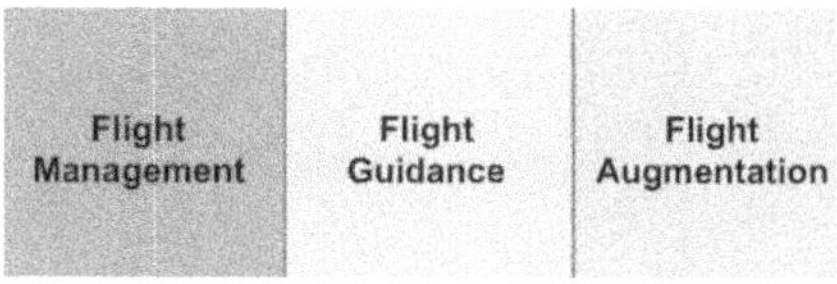

Flight Management

Este sub-sistema controla la precisión de la navegación y su capacidad para seguir el plan de vuelo ordenado por los pilotos.

Planifica el plan de vuelo para optimizar costos, velocidades y altitudes. Calcula las predicciones de las estimas de punto a punto, velocidades y altitudes. Y por último, gestiona la información presentada en los EFIS.

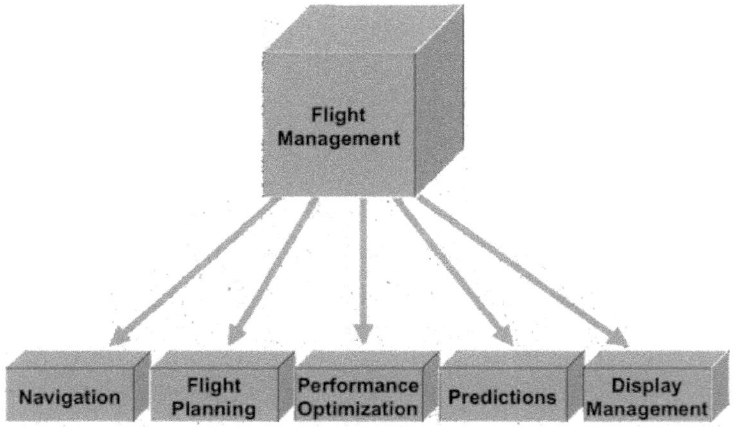

Flight Guidance

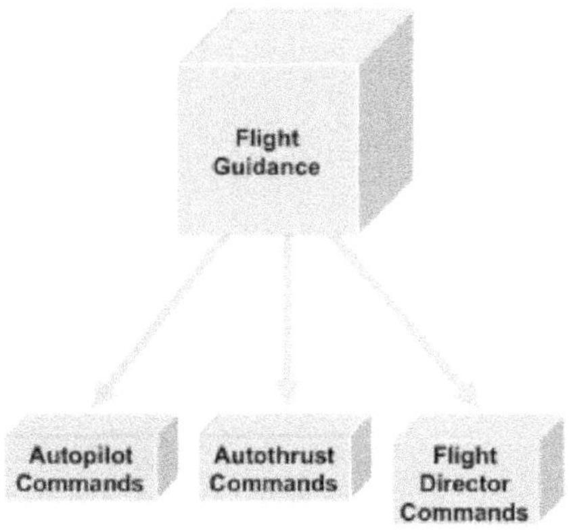

Este sub-sistema controla las acciones del piloto automático para el dominio del avión en todos sus ejes de vuelo. Comanda las acciones del sistema automático de aceleración o A/THR y controla la información provista por los directores de vuelo (FD Flight Directors), en función a la acciones del piloto automático.

Flight Augmentation

Por ultimo, esta tercera parte del FMGC, es la encargada de los cómputos adicionales, como las advertencias de OVERSPEED, los limites de velocidad en una determinada configuración según el peso y la condición atmosférica, y una de las funciones más importantes, las predicciones y alertas sobre posibles situaciones de WINDSHEAR.

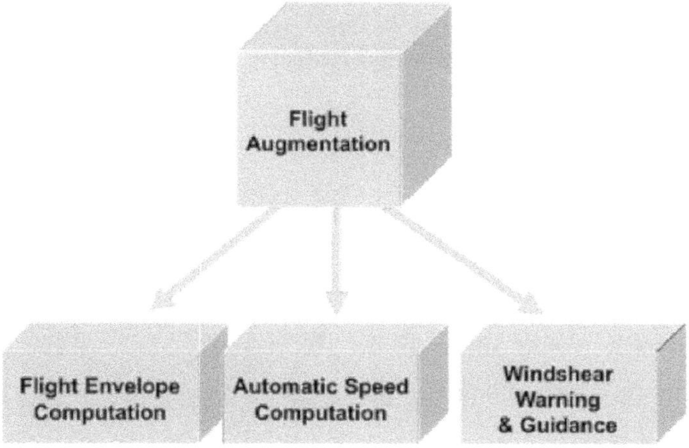

Sistema MCDU (Multipurpose Control and Display Unit)

En el sistema completo, cada MCDU provee de datos a su propio FMGC. El FCU provee de datos a los dos FMGC por igual y al mismo tiempo. A su vez, cada FMGC transmite su información a su propio piloto automático (AP) y director de vuelo (FD), y ambos transmiten su información al sistema de autothrust (A/THR).

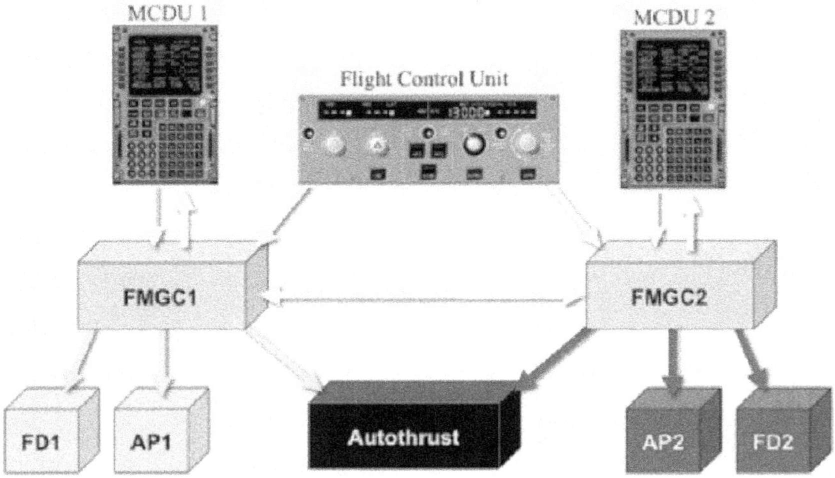

Previamente a que el sistema realice la navegación completa desde un origen hasta un destino, el piloto debe ingresar los datos del plan de vuelo en el sistema, para luego decirle al este que siga las instrucciones ingresadas, ya que el sistema por si mismo no tiene la capacidad de razonar el plan de vuelo. Esta información se carga manualmente en la MCDU, la cual se divide en dos partes, la parte superior donde se encuentra el Display y la parte inferior donde se encuentra el teclado principal.

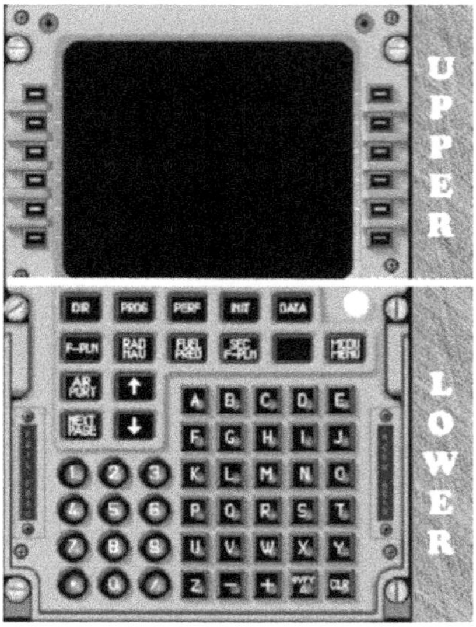

Al iniciar la MCDU, la primera pantalla es la del STATUS del sistema. En el punto numero uno encontramos el modelo del avión que esta cargado en el sistema, el cual debería coincidir con el nuestro para que la base de datos sea correcta. El punto numero dos detalla el modelo de los motores. El punto numero tres , la vigencia de la base de datos que tiene cargada el sistema en ese momento. Y en el punto numero cuatro, una segunda base de datos con una fecha superior de vigencia o mas actualizada.

En la sección inferior del MCDU, encontramos las teclas que nos llevarán a las paginas principales y donde podremos ingresar los datos necesarios para realizar nuestro plan de vuelo según lo planificado. Debajo de esta sección, encontramos un teclado numérico y un teclado alfabético tradicional para el ingreso de la información. Conozcamos las principales paginas de la MCDU.

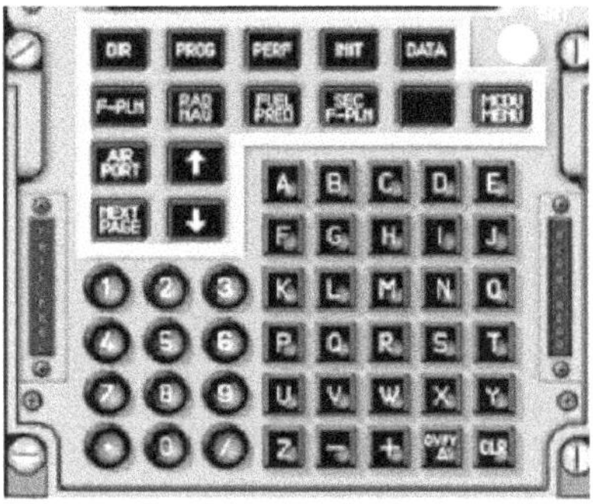

En el punto numero uno encontramos la denominación de la compañía para la ruta a seguir. En el punto numero 2, la carga manual de la ruta que deseamos realizar, ingresando origen y destino. En la sección del punto tres ingresaremos la alternativa de nuestro destino. El punto cuatro describe el numero del vuelo a realizar. En ambos lados del punto numero 5, podemos cargar manualmente las coordenadas geográficas de un determinado lugar. El punto numero seis, indica el nivel de la tropopausa y la posibilidad de cargar manualmente la información de los diferentes vientos en altura. Por ultimo, el punto siete indica el nivel de vuelo a adoptar durante el tramo de crucero.

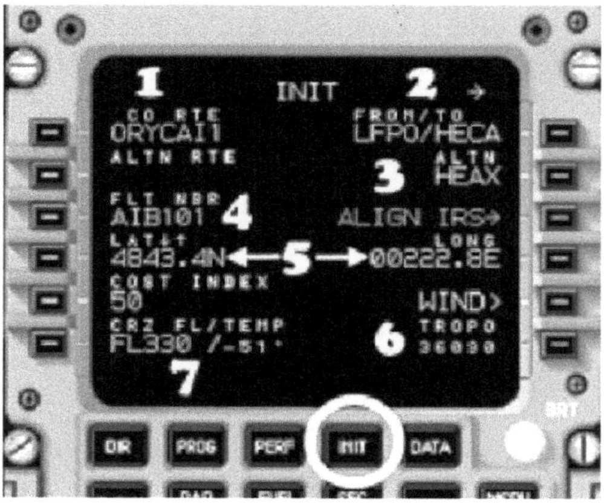

En el punto uno, encontramos tres datos importantes, el “FROM” o el punto desde donde partimos hacia el próximo punto, el curso hacia ese punto y el nombre del mismo. En el punto dos tenemos la distancia y el rumbo. En el punto tres el destino y la distancia al mismo en el punto cuatro.

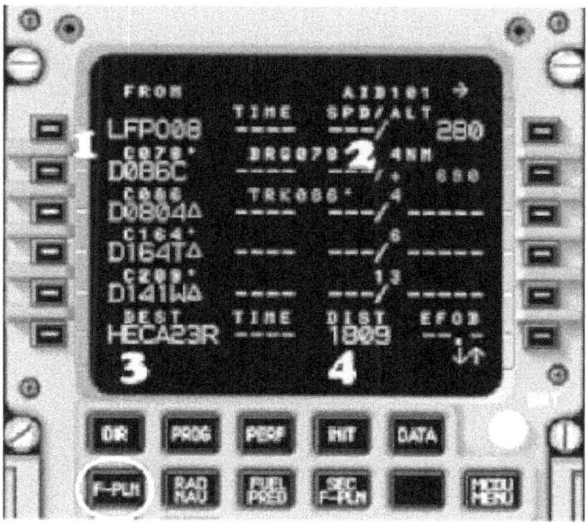

La información que brinda la pagina de F-PLN es mostrada en el ND según la selección de la pantalla. En este caso el ND tiene la pantalla ARC seleccionada y podemos identificar los puntos que indica la pagina de F-PLN de la MCDU.

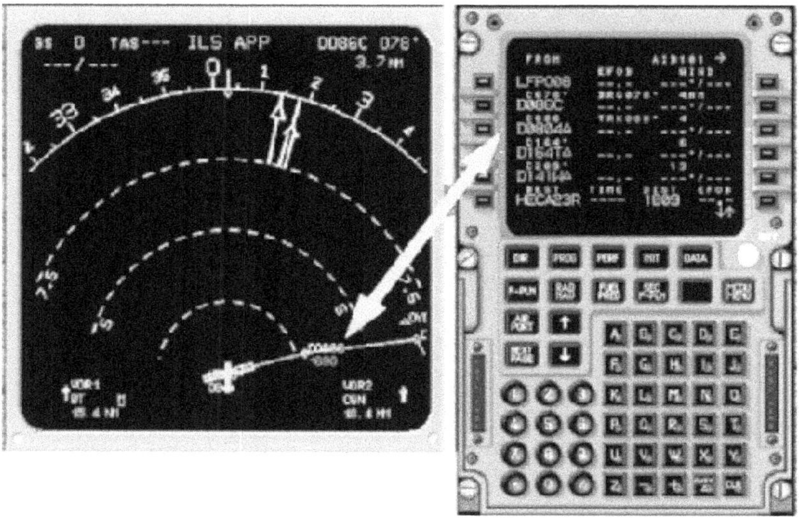

Sistema FCU (Flight Control Unit)

Este panel permite el control del vuelo automático. En su parte superior ofrece una pantalla informativa con los valores de velocidad, rumbo, altitud y velocidad vertical.

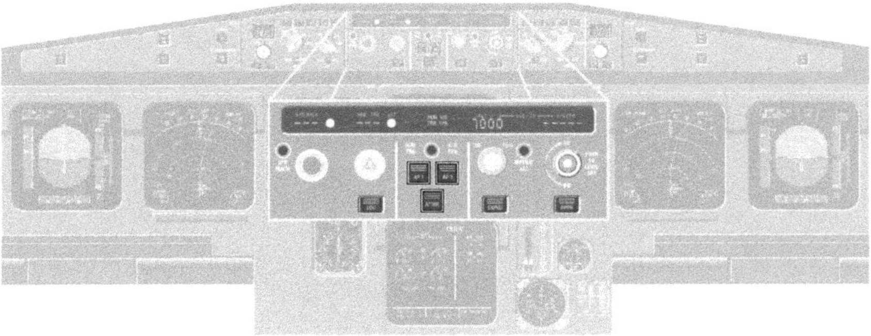

Estos valores se expresan en nudos, grados, pies, y pies por minuto respectivamente. En el margen izquierdo del panel, justo debajo de la pantalla de información de velocidad, se encuentra una perilla giratoria para modificar el valor de velocidad. A su izquierda, un botón que permite seleccionar la velocidad en numero de Mach.

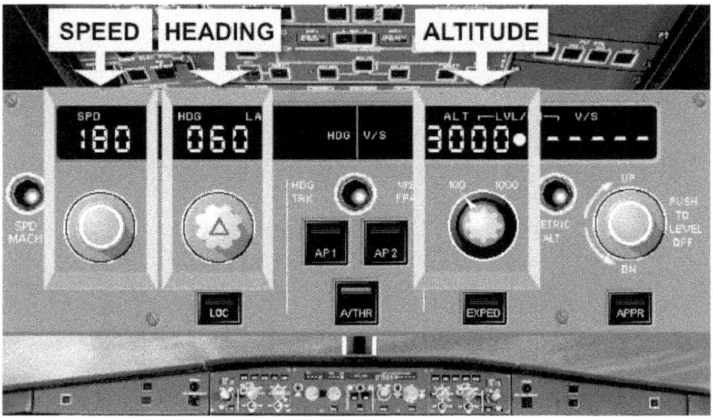

A su derecha, debajo del valor del rumbo, una perilla giratoria con un triángulo de color azul que permite seleccionar el rumbo. Cuando el piloto automático esté conectado, al girar esta perilla, el avión realizará un viraje hacia el lado seleccionado.

Del lado derecho del panel, debajo del valor de la altitud, nivel de vuelo, una perilla giratoria para la selección de estos valores según corresponda. A la derecha de esta, un botón que permite seleccionar estos valores en metros. Sobre el margen derecho del panel, la última perilla giratoria para la selección de la velocidad vertical.

Sobre el centro del panel, cuatro botones. Dos paralelos que para la operación del piloto automático 1 y 2 (AP1 y AP2). Debajo de estos, un botón para la operación del sistema de potencia automática (A/THR), y por encima de los AP 1 y 2, un boton para cambiar el modo de HDG V/S a TRK FPA.

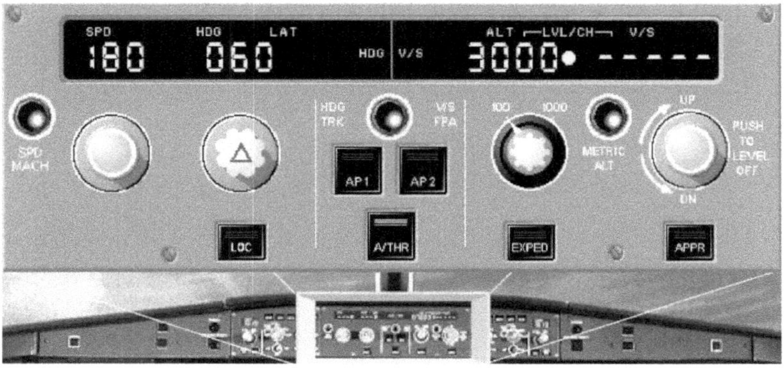

Finalmente, tres botones de funciones especiales. Del lado izquierdo, justo debajo de la perilla de selección del rumbo, un botón para activar el modo LOC durante la aproximación. Del lado derecho, justo debajo de la perilla de selección de altitud, un botón para activar la función "Expedite" (EXPED) que permite incrementar el rango de ascenso y descenso hacia el límite de velocidad en cada caso. El último botón, justo debajo de la perilla de selección de la velocidad vertical, permite la activación del modo de aproximación (APPR) durante la aproximación ILS.

Capítulo 2

Funciones del sistema automático de vuelo

Este manual es solo para entretenimiento y/o entrenamiento. NO VÁLIDO PARA VUELO REAL. Para tal fin, por favor dirigirse a los manuales originales de Airbus en sus respectivos módulos.

Aviation Bookstore
aviation step by step

Introducción

El sistema automático para la guía del vuelo, Flight Guidance (FG), provee tres funciones principales para guiar a las operaciones de la aeronave:

- Un sistema de director de vuelo (Flight Director FD).
- Un sistema de piloto automático por duplicado (Autopilot AP).
- Un sistema de potencia automática (Autothrust A/THR).

El sistema FG realiza la operación de los sistemas mencionados en tres modos diferentes:

- AP/FD para el control de la trayectoria lateral de vuelo.
- AP/FD para el control de la trayectoria vertical de vuelo.
- A/THR para el control de la velocidad o de la potencia.

Piloto automático (Autopilot AP)

El piloto automático comenzó a aparecer en aeronaves a mediados del siglo XX, con la finalidad de reducir la carga de trabajo y gestionar el tiempo de respuesta. Años mas tarde, encontraría un sinfín de funciones mas para maximizar las capacidades de vuelo.

Reducción de la carga de trabajo

Permitir que los sistemas automáticos vuelen la aeronave significa que la tripulación no solo está más descansada para las fases más exigentes del vuelo, sino que también permite a los pilotos concentrarse en otras tareas, como la navegación.

Tiempo de respuesta

Un piloto automático es mucho más rápido que un ser humano y, como resultado, puede volar la aeronave con mayor precisión. Un piloto humano tarda aproximadamente 1/5 de segundo (200 milisegundos) en detectar un cambio en la actitud de la aeronave y luego implica un retraso adicional mientras decide qué control aplicar para contrarrestar la perturbación. Un piloto automático detectará una perturbación y aplicará el control necesario para corregir la perturbación en aproximadamente 50 milisegundos.

Con cualquier sistema automático, es necesario protegerse contra fallas en su funcionamiento, en particular, desviaciones incontroladas. Esto se logra limitando la autoridad del actuador o la velocidad a la que el actuador puede moverse. De esta manera, el piloto siempre debería poder anular los efectos de una falla y mantener el control de la aeronave en caso de fallo del piloto automático.

La aeronave posee un sistema de doble de piloto automático, cada uno de ellos trabaja con su propio sistema FMGC y se identifican como AP 1 (lado del capitán) y AP 2 (lado del primero oficial).

Su activación se realiza desde un único botón ubicado en el centro del panel de control de vuelo FCU (flight control unit) donde el piloto puede encontrar dos botones (AP1 y AP2), uno para cada sistema.

Como limitación para la seguridad operacional, el sistema del piloto automático puede ser conectado posterior al despegue, y una vez que la aeronave haya superado los 100 pies de altura.

La activación del piloto automático se confirma al encenderse una luz verde en el mismo botón de activación. En este ejemplo se ha activado el AP 1.

Otra confirmación de la correcta activación del sistema del piloto automático seleccionado es el cambio en la información del

FMA (flight mode annunciator), en la sección superior derecha del PFD. Allí aparecerá la indicación AP y el numero del sistema activado, AP1 si se ha activado el lado del capitán, o AP2 si se ha activado el lado del primer oficial.

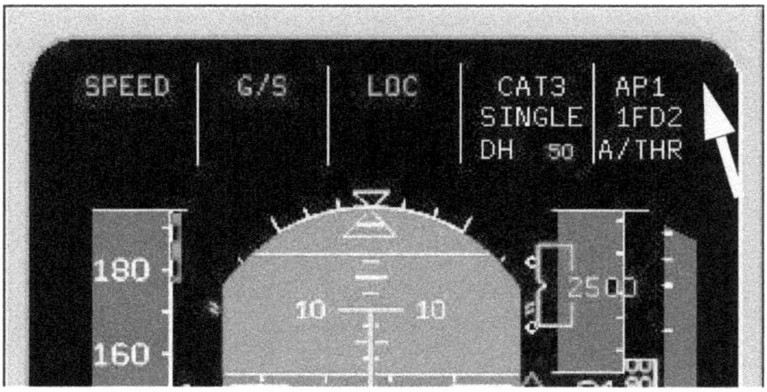

Si bien, la activación de uno de los dos sistemas del piloto automático es suficiente para que la aeronave quede completamente automatizada, es posible la activación de ambos sistemas AP1 + AP 2 durante un procedimiento de aproximación ILS, con el objeto de garantizar el funcionamiento del sistema automático ante posibles fallas durante aterrizajes automáticos, y procedimientos vinculados a estas aproximaciones.

Para ello, el piloto debe seleccionar el sistema de aproximación ILS y el modo de APPR (approach) desde un botón ubicado en el sector inferior derecho del FCU.

Una vez que el piloto ha presionado el botón de APPR, podrá activar el segundo AP y se encenderán las luces verdes de cada botón.

Adicionalmente, el en ambos PFD (pantalla primaria de vuelo del capitán y del primero oficial), cambiará la información que brinda el FMA, donde se indica AP1 se indicará AP1 + AP2. Mientras que en la columna de la izquierda, donde se indicaba CAT 3 SINGLE (haciendo referencia a la categoría de la aproximación y al sistema automático utilizado) se indicará CAT 3 DUAL, informando que se ha activado los dos sistemas automáticos para la aproximación.

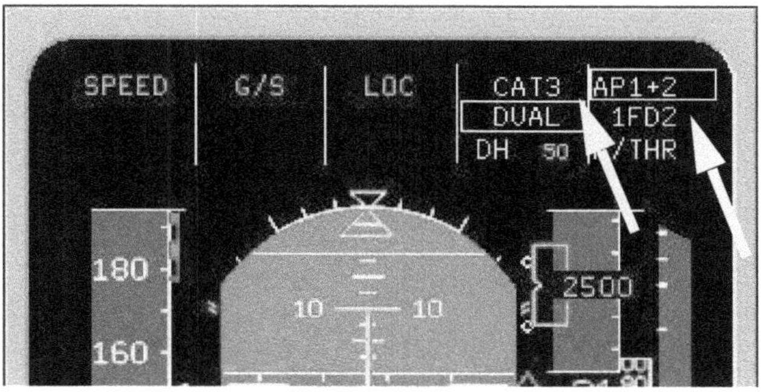

Desconexión del sistema

La desconexión normal del sistema del piloto automático se realiza mediante el botón ubicado en cada uno de los mandos de control (sidestick). Este botón llamad "Take over pb" permite la desconexión total del piloto automático únicamente, mientras que el sistema de FD y A/THR permanecerán en funcionamiento. Cuando el sistema logra desconectarse, se anuncia mediante una indicación sonora del MW; una indicación visual en el ECAM anunciando AP OFF en color rojo.

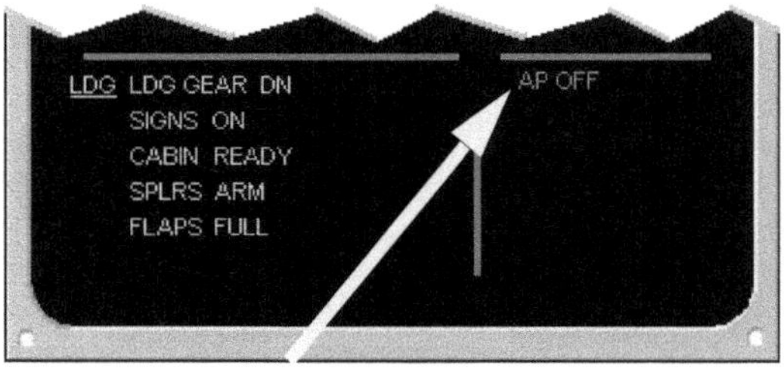

Por otra parte, las luces de los botones de activación en el FCU se apagarán.

Finalmente, el piloto confirmará la desconexión del piloto automático en la información FMA, donde desaparecerá la indicación AP 1+2.

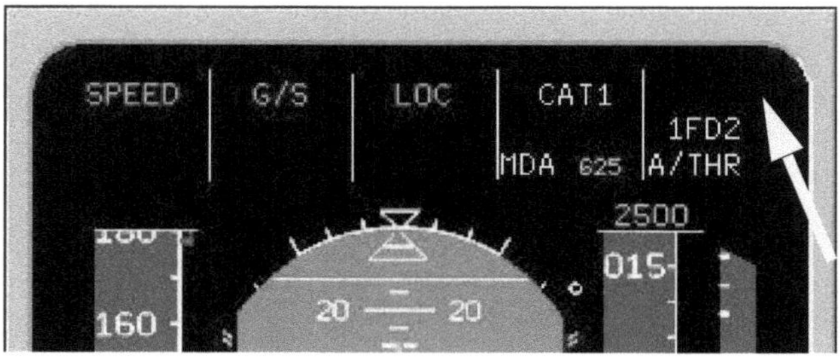

Director de vuelo (Flight Director FD)

El Sistema de Director de Vuelo (FD) se desarrolló originalmente como una ayuda utilizada por el piloto durante el aterrizaje. Le dio al piloto la capacidad de concentrarse en menos instrumentos y, al dar instrucciones sobre actitud y dirección, redujo la carga de trabajo en el piloto. A medida que los pilotos automáticos se volvieron más avanzados, las señales producidas por el FD podrían acoplarse al piloto automático permitiéndole realizar tareas más complejas. El FD también requiere información de actitud y dirección. En sistemas más antiguos, electromecánicos, esta información provendría de la Brújula Magnética Giroscópica y un Sistema de Giro Vertical. Aeronaves más modernas utilizan información del Sistema de Navegación / Referencia Inercial (INS / IRS) en lugar de un giro vertical y pueden alimentar los datos de navegación de estos sistemas en la combinación FD / Piloto Automático.

El FD se activa desde un botón ubicado en el panel de control del sistema EFIS (EFIS control panel). Un botón identificado con las letras FD que enciende una luz verde al ser activado y se apaga al ser desactivado.

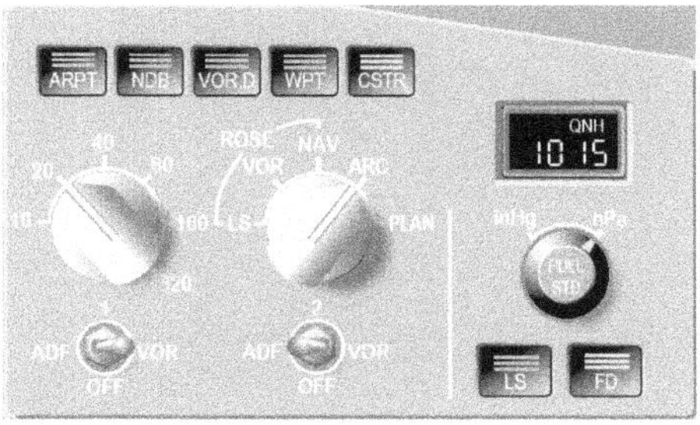

Cuando el piloto activa la función del director de vuelo FD (flight director), aparecen dos barras cruzadas en forma de cruz que guían a la trayectoria del vuelo, según la configuración establecida en el FCU.

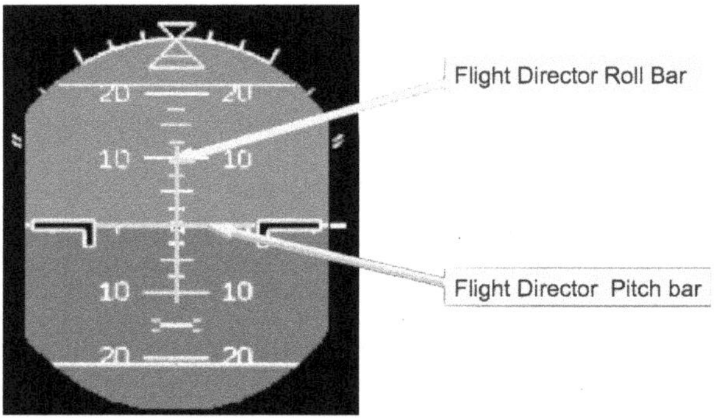

La pantalla primaria de vuelo PFD (primary flight display) muestra la información de la activación del FD en su margen superior derecho, informando "1 FD 2" cuando los dos FDs son activados (el del lado del capitán y el del lado del primero oficial).

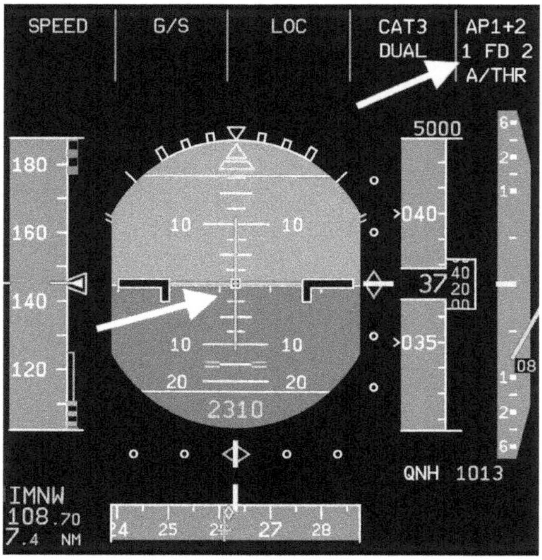

En la representación del horizonte artificial aparecen las barras de guía, una vertical y una horizontal. Estas barras acompañan el movimiento de la aeronave en función a las ordenes que el AP le de al sistema, o bien, a las indicaciones manuales que el piloto configure desde el FCU, considerando que el FD responderá a los cambios de la trayectoria vertical (cambios de altitud) y a los cambios en la trayectoria horizontal (cambios de rumbo o curso).

Las barras guías desaparecen cuando el piloto desactiva el sistema desde el mismo botón de activación, cuando la aeronave excede un ángulo de inclinación lateral de 45°, o bien, cuando la aeronave excede un ángulo de pitch de 25° up o 13° down.

En el PFD desaparecerán las barras en la representación del horizonte artificial y la información de “1 FD 2” en el margen superior derecho de la pantalla.

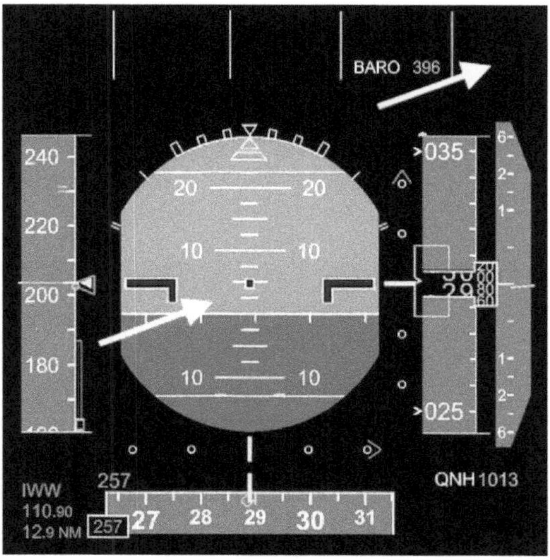

El FD 1 toma información del FMGC 1, mientras que el FD 2 lo hace del sistema FMGC 2. Cada FD se considera un sistema independiente. La aeronave puede volar con un solo FD. En caso de que se active solo uno, el PFD mostrará el sistema activado. En este ejemplo, ha sido activado el FD 1 únicamente.

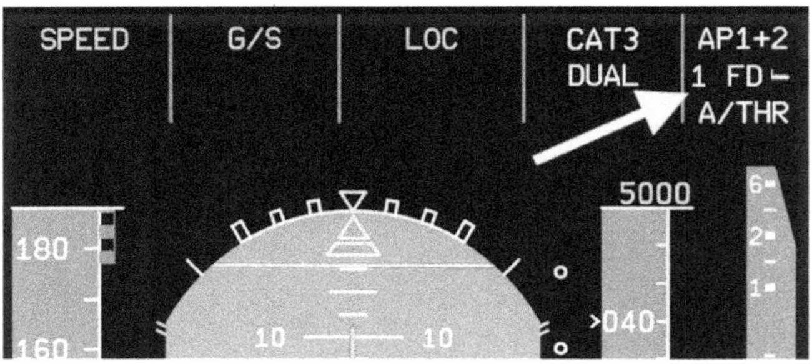

En caso de falla de alguno de los sistemas, el sistema restante continuará indicando la información del vuelo, pero basado en el sistema FMGC correspondiente. En el PFD se mostrará el sistema operativo para ambos lados (capitán y primer oficial). En este ejemplo ha fallado el FD 2 y el FD 1 es el encargado hacer funcionar el sistema. El PFD muestra "1 FD 1" indicando el único sistema operativo.

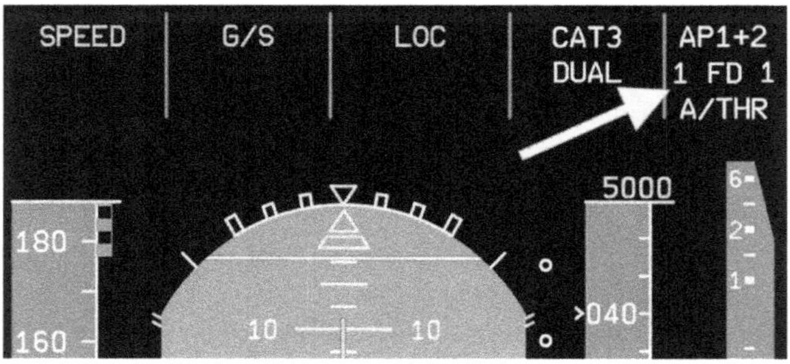

Adicionalmente a la guía de las barras cruzadas del FD, existe una opción que guía al piloto en la senda de vuelo correcta cuando la aeronave vuela en modo TRK/FPA (track and flight path angle). Esta opción de vuelo se activa y desactiva desde el botón ubicado justo por encima de los dos botones del AP 1 y 2.

Cuando el piloto activa esta opción, la información en las pantallas del FCU cambian acorde a la nueva indicación.

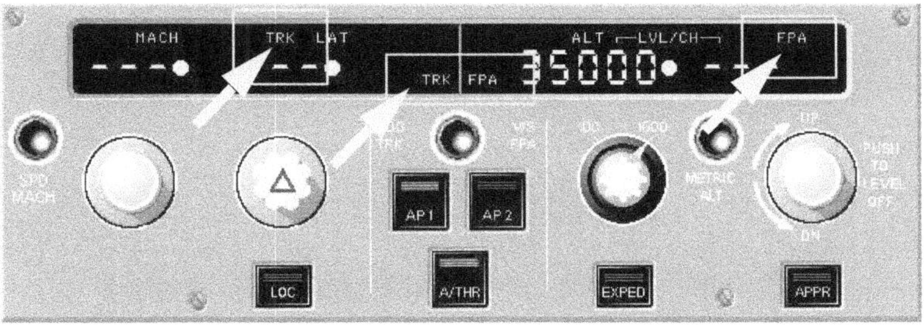

En la ventana del rumbo, la indicación de HDG cambia a TRK, la indicación de HDG V/S cambia a TRK/FPA y la indicación de V/S cambia a FPA.

Finalmente, en el PFD las barras cruzadas que guiaban al piloto también cambian por una indicación vectorial llamada "Bird" (por su similitud a un pájaro).

La funcionalidad del sistema es similar al trabajo de las barras, salvo que en lugar de basar la referencia en un rumbo y una velocidad vertical de descenso (FT/MIN), analiza la información del curso y un ángulo de descenso determinado en grados.

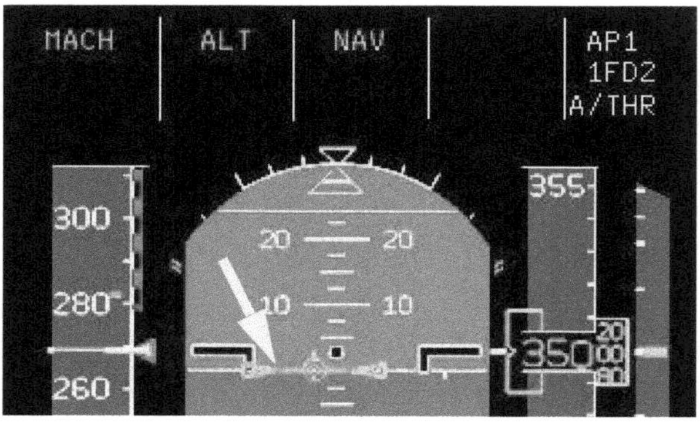

Al igual que con las barras cruzadas, el piloto solo deberá seguir las referencias del FD para continuar con la trayectoria correcta de vuelo. El FMA mostrará la nueva información de vuelo luego del cambio de modo en el FD. En este ejemplo volando en modo Track y un valor de -1.6° FPA, es decir, con un ángulo de descenso de 1.6 grados.

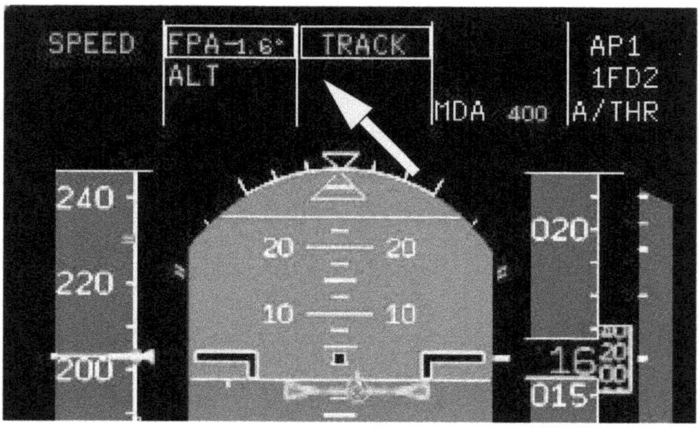

Potencia automática (Autothrust A/THR)

El Sistema de potencia automática es el complemento perfecto para el sistema de vuelo automático. Un sistema encargado de regular la potencia para cada etapa del vuelo, incrementando o reduciendo el empuje según sea necesario, en función a los requerimientos de los pilotos. El sistema de A/THR tiene la capacidad de trabajar en dos modos diferentes. El SPEED MODE y el THR MODE.

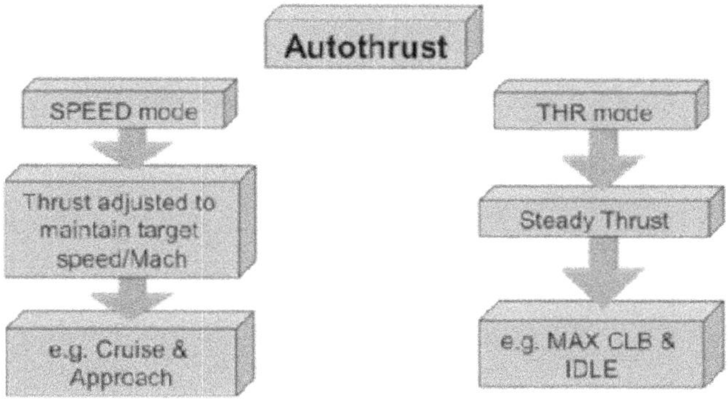

En el modo SPEED, el sistema ajusta continuamente la potencia con el fin de mantener la velocidad objetiva o seleccionada por los pilotos. Usualmente durante las etapa de crucero y aproximación. Por otro lado, en el modo THR, el sistema configura una determinada potencia, si tener en cuenta la velocidad seleccionada previamente. Usualmente utilizado para los ascensos o CLB y durante la operación en IDLE.

El sistema A/THR está vinculado automáticamente al modo vertical del sistema AP/FD. Cuando este modo controla la trayectoria de vuelo en HDG-VS, el sistema A/THR funciona en modo SPEED. En cambio, cuando el sistema controla la trayectoria de vuelo en modo TRK-FPA, el A/THR ajusta el ángulo de pitch para mantener la velocidad objetivo, como en ascenso y en descenso.

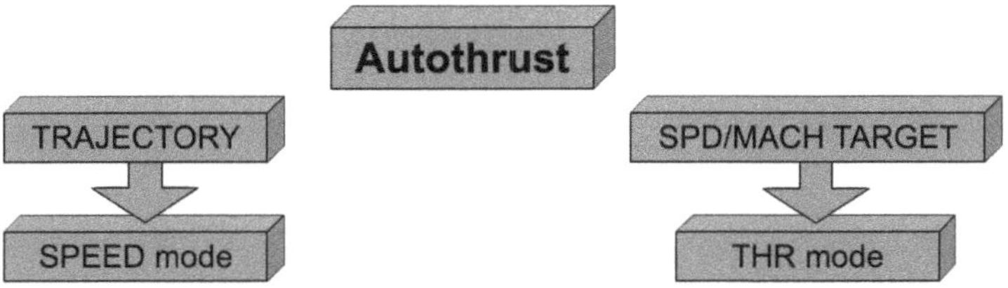

Respecto al cuadrante de aceleración, presenta diferentes posiciones, relativas a los modos de uso que tiene disponible el sistema. Inicia desde la posición IDLE, en el modo THR. Aquí los motores generan el empuje mínimo para mantener una velocidad de rodaje. Al costado de las palancas, existen señalizaciones que indicar la posición de los aceleradores (flecha).

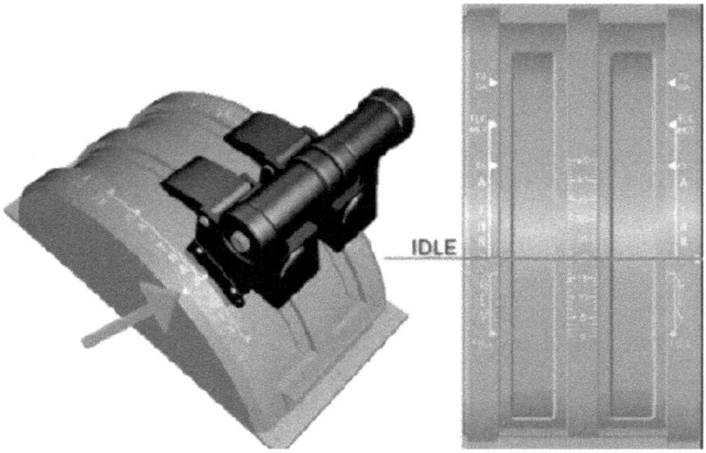

La segunda posición, luego de IDLE, es la posición de CLIMB o CLB. Esta posición responde al modo SPEED del sistema de A/ THR. Usualmente utilizada en las etapas de vuelo de ascenso, crucero, descenso y aproximación.

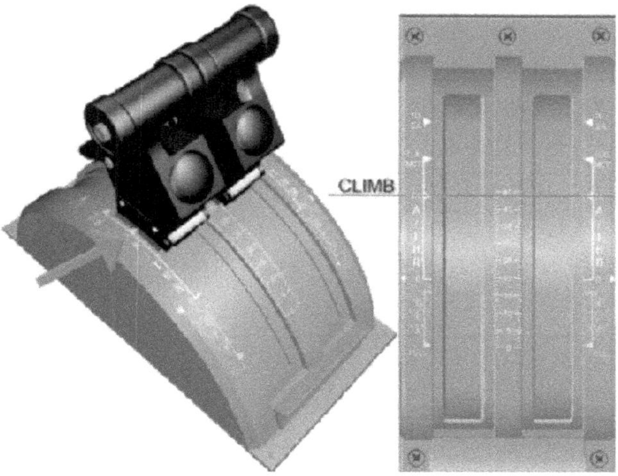

Por ultimo, existen dos posiciones, MCT/FLX y TO/GA, utilizadas únicamente para las fases de despegue y aproximación frustrada, dependiendo de diversos factores como:

- Condiciones meteorológicas.
- Condiciones de pista.
- Peso de la aeronave.
- Y en aproximación frustrada, ante cualquier situación que requiera tal procedimiento.

En la posición MCT (maximum continuous thrust) o máximo empuje continuo, el sistema emplea el máximo empuje disponible de forma continua. Utilizado durante los procedimientos de falla de motor.

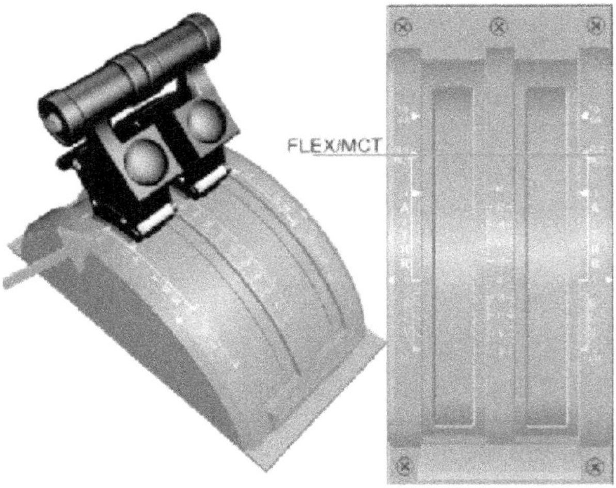

Por otro lado, la misma posición también pertenece a la FLEX o despegues por temperaturas. Utilizado por el sistema para emplear la potencia exacta y necesaria para un despegue considerando todas las variables anteriores. Este sistema preserva la vida útil de los motores.

Por ultimo, la posición TO/GA de "Take Off" and "Go Around", es la posición de máximo empuje de los motores. Usualmente utilizada durante un despegue con peso máximo o pista contaminada, y durante un procedimiento de aproximación frustrada con el fin de garantizar el máximo régimen de ascenso de forma inmediata y con la actual configuración del avión.

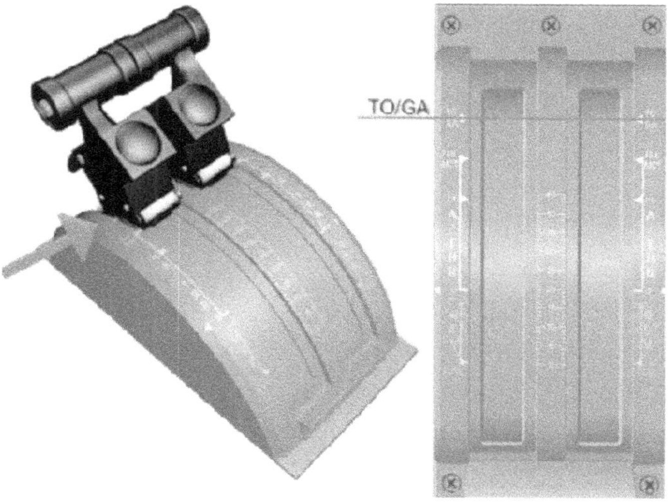

Es importante mencionar que el A/THR funciona cuando las palancas de aceleración están ubicadas en las posiciones normal de empuje, mientras que si el piloto selecciona las palancas de aceleración en la posición de reversores, el A/THR no funcionará ya que esta operación es de uso exclusivamente manual.

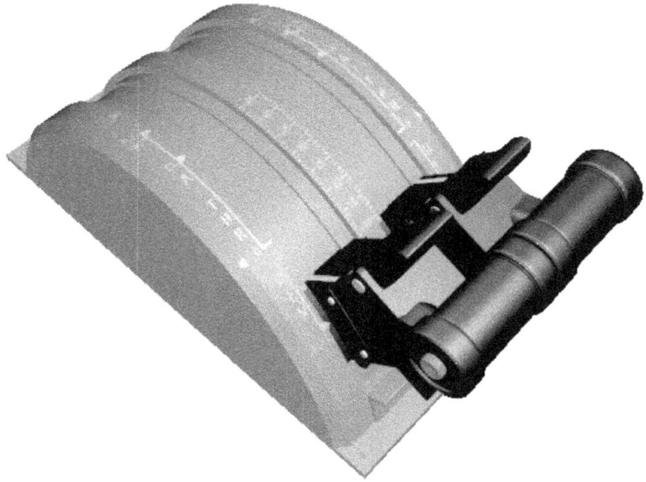

Por considerarse un sistema automatizado, el vuelo inicia con el sistema en modo “ARM”, o armado. Posterior al despegue, donde el piloto acciona la potencia manualmente, y luego de configurar las palancas de aceleración en la posición CLB, el sistema automático de potencia queda activado. En el FCU, existe un botón de activación manual del A/THR, donde el piloto puede activar el sistema en caso de que este se haya desactivado previamente. El botón encenderá una luz verde para indicar que el sistema ha quedado activado, de la misma forma que los botones del AP y FD.

A continuación se describe un despegue normal a modo de ejemplo. Una vez que el piloto acciona la potencia de despegue y lleva los aceleradores hasta la posición TOGA (en este caso), el sistema A/THR queda en modo ARM. Inmediatamente la información llega al piloto mediante la iluminación azul en el botón de activación en el FCU.

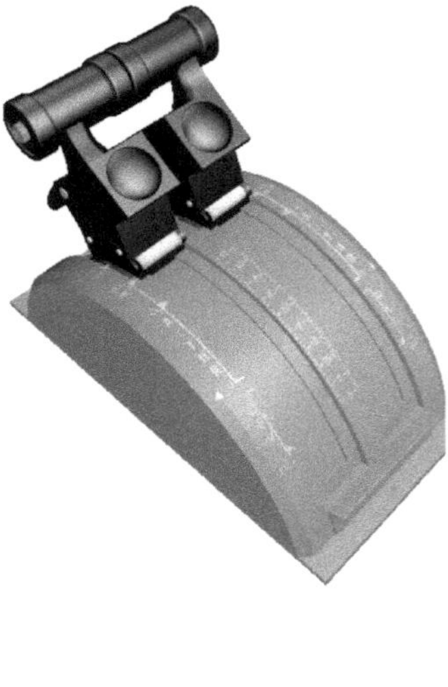

Por otra parte, en el PFD el piloto observa el cambio de las indicaciones del FMA en modo de despegue. Se indica la potencia seleccionada (TOGA), y el sistema A/THR en modo armado con las letras de color verde.

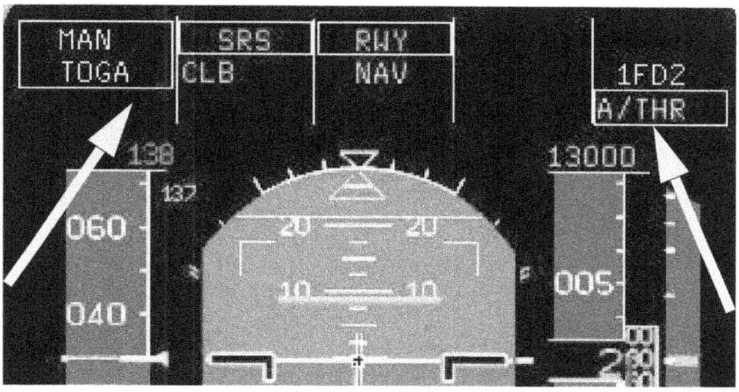

Cuando la aeronave cruce la altitude de reducción de potencia, el FMA indicará las letras LVR CLB destellando para llamar la atención del piloto e informarle que debe recudir la potencia llevando las palancas de aceleración a la posición Climb.

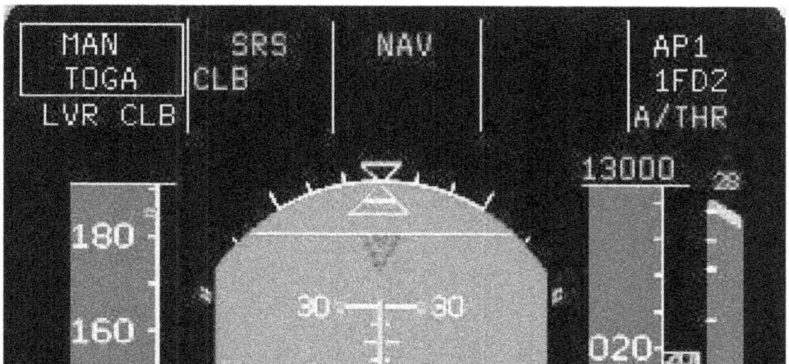

Una vez que el piloto ha colocado las palancas de aceleración en la posición CLB, la indicación en el FMA cambiará a THR CLB (potencia de ascenso) en color verde, y la indicación de A/THR previamente en azul, pasará a indicarse en color blanco para informar que el sistema está activado y controlando la potencia de la aeronave.

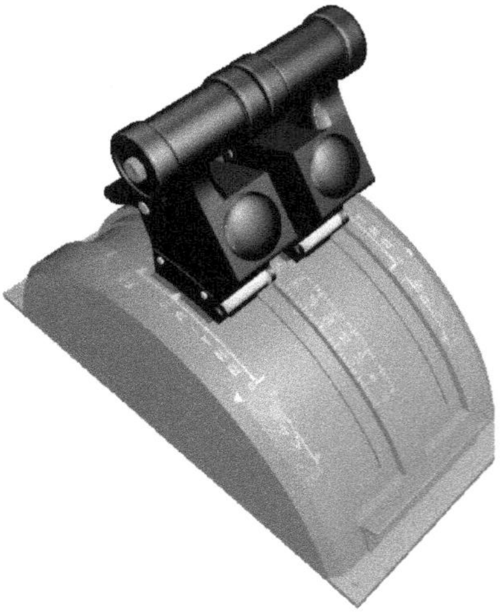

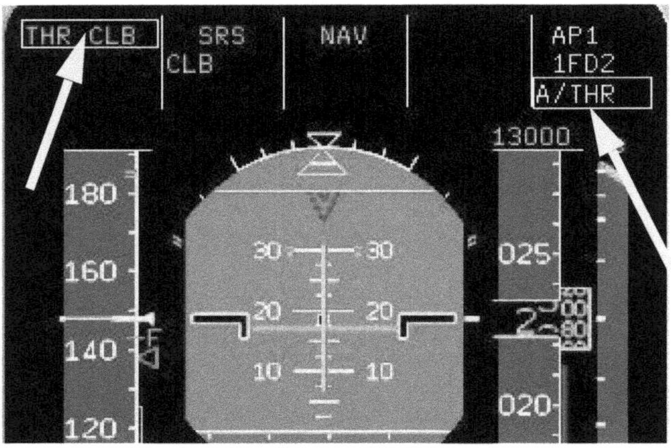

Una vez que la aeronave haya alcanzado la altitude objetivo, el sistema A/THR cambiará de modo THR CLB a modo SPEED, indicando que controlará la velocidad en función a la nueva etapa del vuelo donde se encuentra. El FMA indicará este cambio de modo reemplazando THR CLB por SPEED.

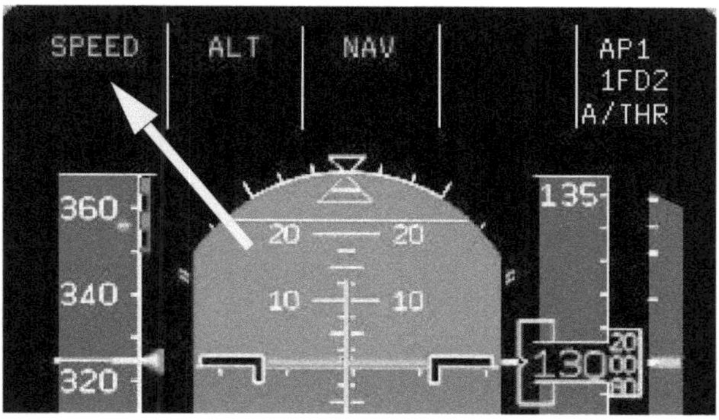

Al llegar a la aproximación final, el sistema hará todo el trabajo mientras el vuelo continue en modo automático. Esta condición cambiará al llegar a la fase de aterrizaje, donde la aeronave cambiará del modo APPR (aproximación) al modo FLARE, y este se anunciará en el FMA.

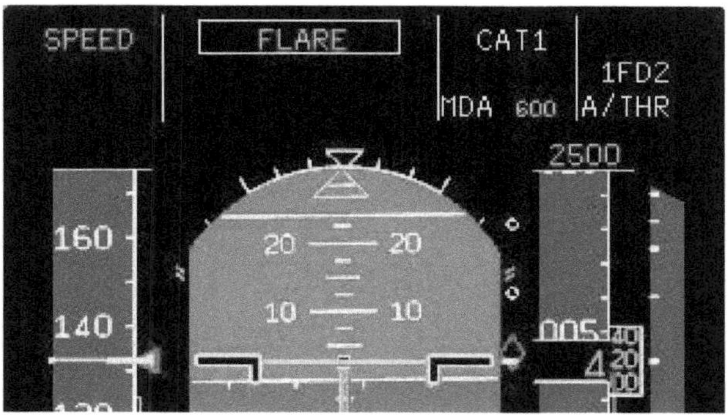

En esta instancia, la aeronave cambiará el ángulo de pitch para uno acorde al toque con la superficie de la pista. A partir de aquí, el piloto buscará el momento adecuado para reducir las palancas de aceleración hasta llevarlas a la posición IDLE.

A alcanzar los 20 pies de altura sobre la pista, el sistema activará un autocallout que anuncia "RETARD" para recordarle al piloto que debe retrasar las palancas de aceleración hasta la posición IDLE. En caso de que esto no suceda, la aeronave continuará en modo SPEED incrementando el empuje para una aproximación frustrada.

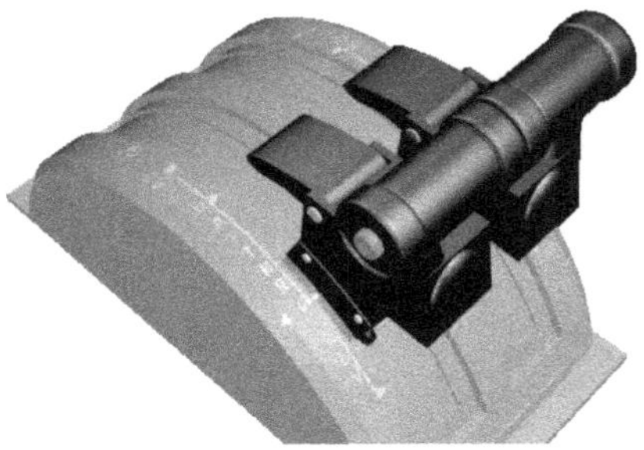

Cuando las palancas llegan a la posición IDLE, el A/THR quedará desactivado. En el FMA desaparecerá la indicación del modo SPEED y la indicación de A/THR, mientras que en el botón de A/THR en el FCU se apagará.

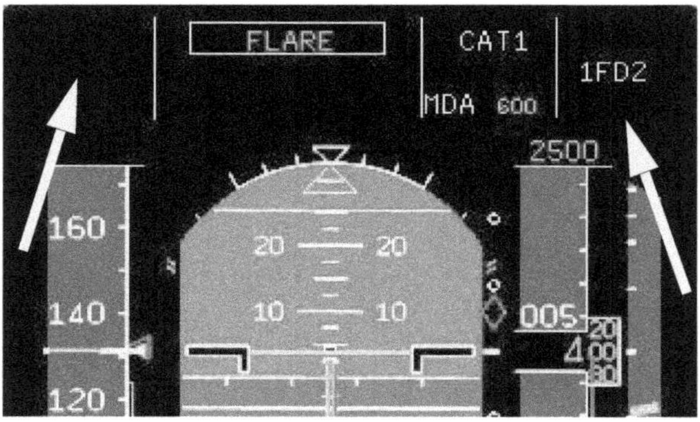

En caso de que el piloto decidiera desconectar el A/THR antes de lo previsto, podrá hacerlo presionando los botones ubicados a un costado de las palancas de aceleración. Esta acción desactivará el sistema inmediatamente, considerando que los motores activarán la potencia que indiquen la posición de las palancas.

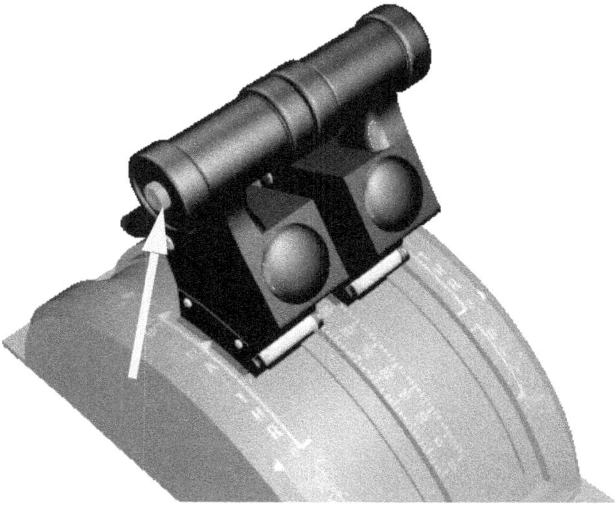

En caso de que el piloto desee activar nuevamente el sistema automático de potencia, podrá hacerlo desde el botón de activación en el FCU durante cualquier momento del vuelo.

Anunciador del modo de vuelo (Flight Mode Annunciator FMA)

El PFD cuenta con diversos instrumentos tradicionales incorporados en una misma pantalla, y una sección adicional que indica el modo de vuelo actual que el avión está volando. Esta sección se conoce como FMA (flight mode annunciator), se ubica en el margen superior de la pantalla y posee cinco columnas de información. De izquierda a derecha: modo de velocidad; modo de altitud; modo de rumbo; modo de aproximación; modo de vuelo automático.

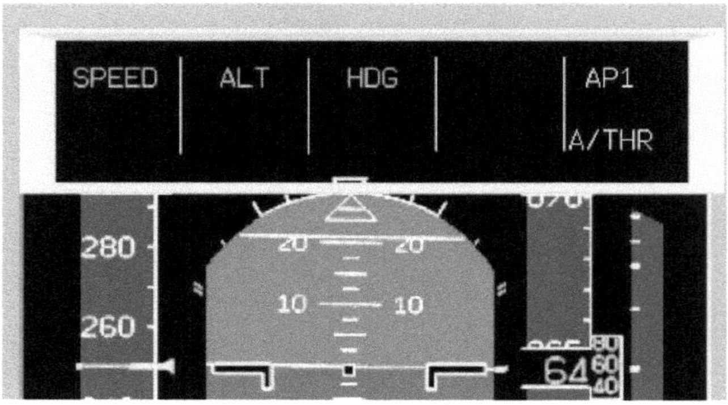

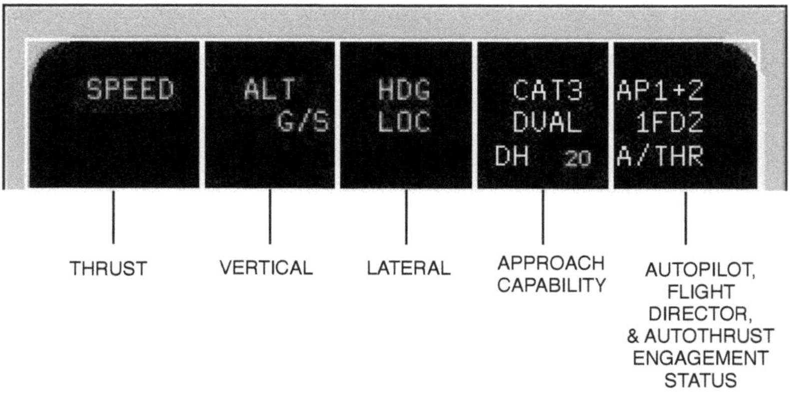

En algunos casos en particular, la segunda y tercera columna pueden combinarse para mostrar un único modo donde el perfil vertical y el perfil horizontal son un valor en común. Estos modos se conocen con el nombre de "Common Modes" y ocurren durante la aproximación y el aterrizaje.

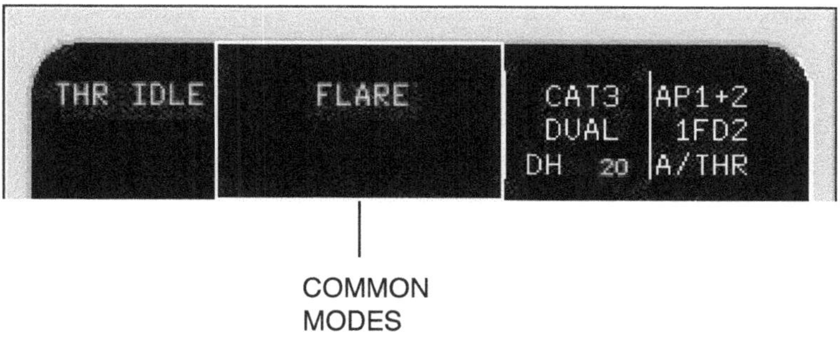

El FMA tiene la capacidad de mostrar hasta tres líneas informativas en cada columna, dependiendo del modo de vuelo y de la información que el sistema requiera mostrar. La primera línea informativa (Lina superior), muestra el modo de vuelo activado por el sistema automático.

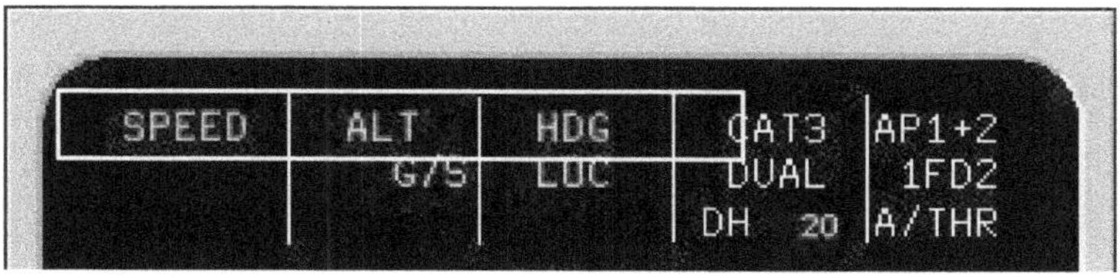

En este ejemplo la potencia en modo SPEED, indicando que el sistema automático gestionará la potencia para buscar la velocidad deseada. El perfil vertical en modo ALT, indicando que el sistema automático guiará a la aeronave para mantener la altitud seleccionada. Finalmente el perfil vertical en modo HDG, indicando que el sistema automático de vuelo guiará a la aeronave para mantener el rumbo.

La segunda línea informativa indica los modos armados por el sistema automático de vuelo. En este ejemplo se observa la indicación G/S en el perfil vertical y LOC en el perfil horizontal, ambos de color azul, indicando un modo armado pero no activado aún, hasta tanto la trayectoria de vuelo logra capturar la señal del ILS completo y volar el perfil de descenso con la señal del GS y del LOC ya capturadas. En esta instancia, estos dos modos armados serán activados.

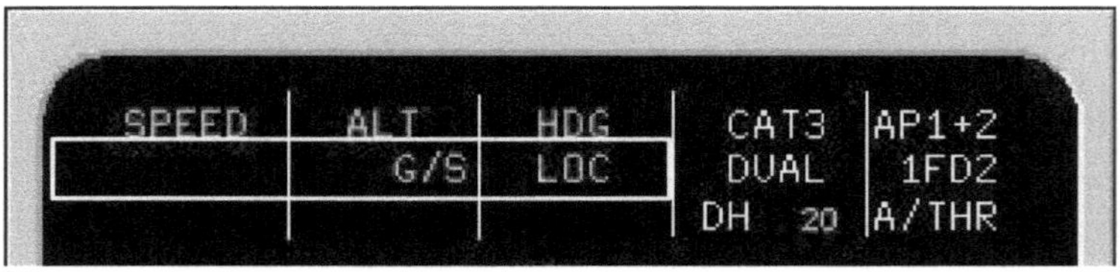

La tercer línea informativa es utilizada para mostrar mensajes o recordatorios, según sea necesario en cada etapa del vuelo.

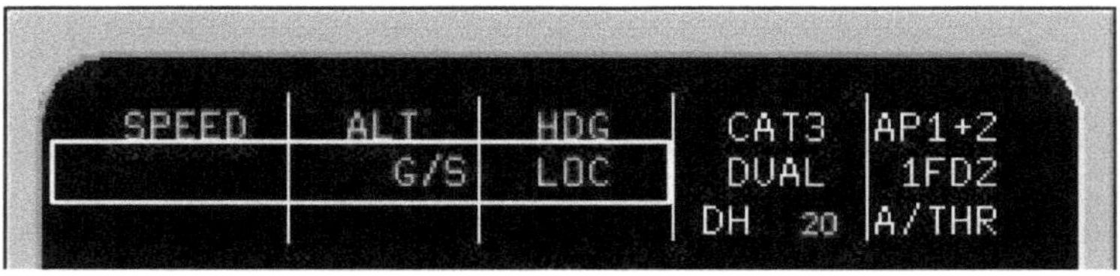

Pasemos ahora a la cuarta columna. La lógica informativa de las columnas 4 y 5 es diferente a la de las tres columnas anteriores. La cuarta columna brinda información acerca de la aproximación. Sus primeras dos líneas informan sobre la capacidad del sistema automático para una determinada categoría de ILS, en este ejemplo CAT3 DUAL.

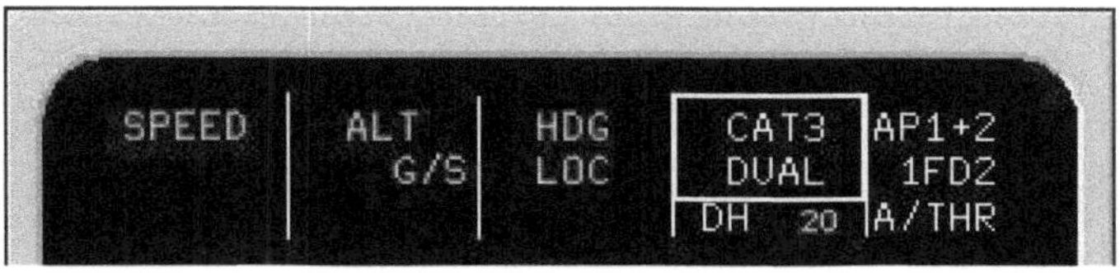

La última línea de la cuarta columna indica la altitud o altura mínima para la aproximación seleccionada por el piloto.

La quinta y última columna informa de los modos automáticos de vuelo activados por el sistema. La primera línea información sobre el piloto automático, en este ejemplo AP1+2 activados. La segunda línea informa el sistema de director de vuelo activado, en este caso 1FD2. Finalmente, la tercera línea en la quinta columna informa el estado del sistema automático de potencia, en este caso el sistema A/THR activado.

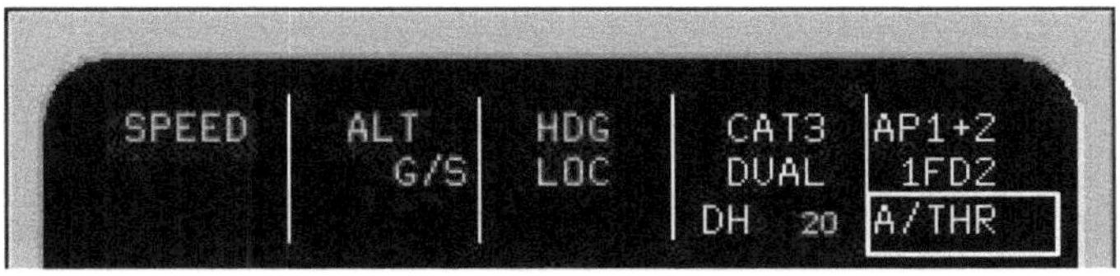

Como referencia visual para los pilotos, cuando alguno de los modos cambia en el FMA, este se encierra dentro de un recuadro blanco durante unos segundos para captar la atención del piloto y notificarlo de este cambio. En este ejemplo el perfil horizontal de vuelo ha capturado la señal del localizador, y el modo HDG ha cambiado a modo LOC.

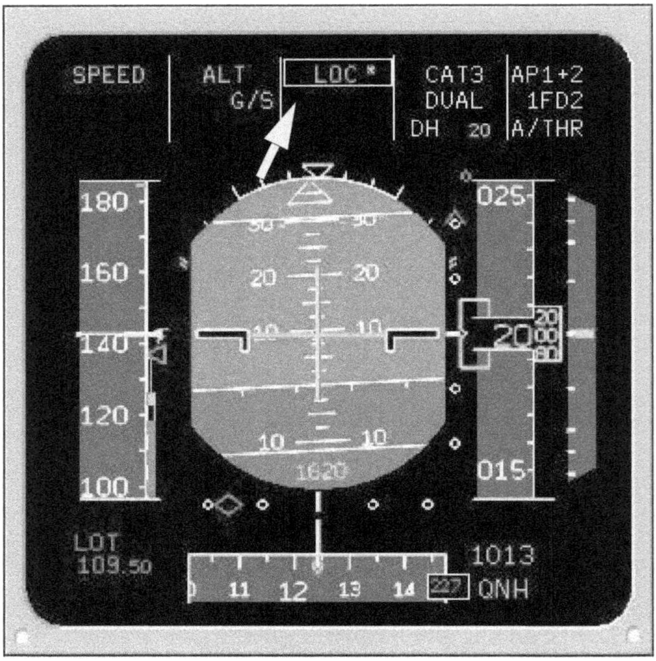

Unidad de control de vuelo FCU (Flight Control Unit)

Este panel permite el control del vuelo automático. En su parte superior ofrece una pantalla informativa con los valores de velocidad, rumbo, altitud y velocidad vertical.

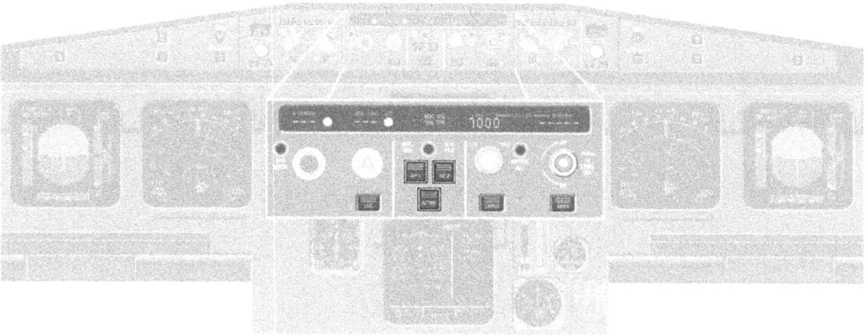

Estos valores se expresan en nudos, grados, pies, y pies por minuto respectivamente. En el margen izquierdo del panel, justo debajo de la pantalla de información de velocidad, se encuentra una perilla giratoria para modificar el valor de velocidad. A su izquierda, un botón que permite seleccionar la velocidad en numero de Mach.

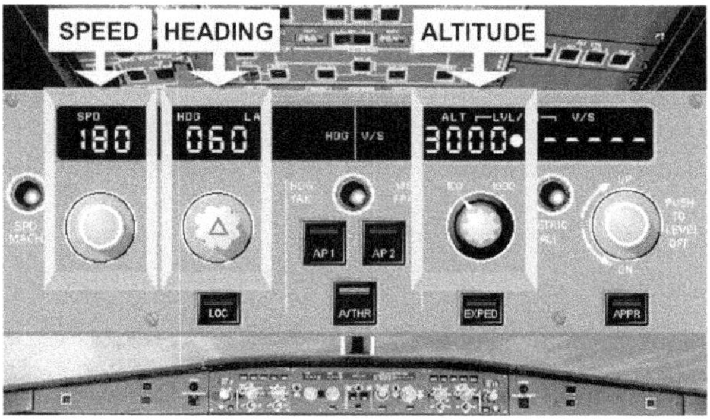

A su derecha, debajo del valor del rumbo, una perilla giratoria con un triángulo de color azul que permite seleccionar el rumbo. Cuando el piloto automático esté conectado, al girar esta perilla, el avión realizará un viraje hacia el lado seleccionado. Del lado derecho del panel, debajo del valor de la altitud, nivel de vuelo, una perilla giratoria para la selección de estos valores según corresponda. A la derecha de esta, un botón que permite seleccionar estos valores en metros. Sobre el margen derecho del panel, la última perilla giratoria para la selección de la velocidad vertical.

Sobre el centro del panel, cuatro botones. Dos paralelos que para la operación del piloto automático 1 y 2 (AP1 y AP2). Debajo de estos, un botón para la operación del sistema de potencia automática (A/THR), y por encima de los AP 1 y 2, un boton para cambiar el modo de HDG V/S a TRK FPA.

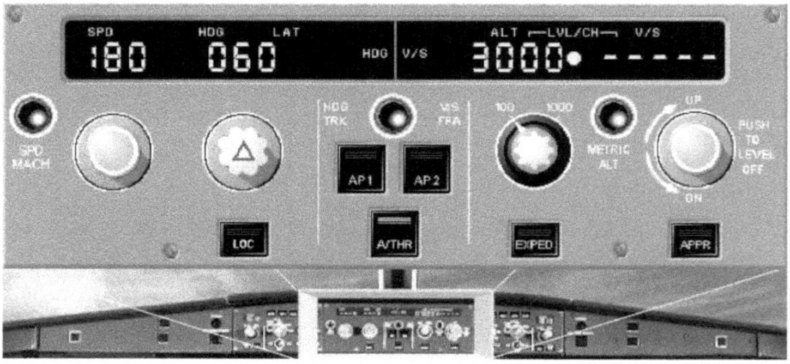

Finalmente, tres botones de funciones especiales. Del lado izquierdo, justo debajo de la perilla de selección del rumbo, un botón para activar el modo LOC durante la aproximación. Del lado derecho, justo debajo de la perilla de selección de altitud, un botón para activar la función "Expedite" (EXPED) que permite incrementar el rango de ascenso y descenso hacia el límite de velocidad en cada caso. El último botón, justo debajo de la perilla de selección de la velocidad vertical, permite la activación del modo de aproximación (APPR) durante la aproximación ILS.

La operación de la unidad FCU puede ser manual o automática. Las cuatro perillas giratorias del FCU ofrecen la posibilidad de seleccionar el modo automático o manual de operación. Cuando el piloto oprime la perilla, el sistema trabaja de forma automática, mientras que cuando el piloto jala de la perilla hacia afuera, el sistema pasa a modo manual, permitiendo la selección de los valores de velocidad, rumbo y altitud. Esta operación de selección de modo se conoce como "Push and Pull". El "Push" automatiza el vuelo, mientras que el "Pull" permite una operación manual de los valores seleccionados, aunque el vuelo continuará con el sistema automático activado.

Cuando el piloto carga toda la información de vuelo en el sistema MCDU, algunas ventanillas informativas del FCU mostrarán tres líneas y un punto, indicando que la información de dicha ventanilla ha sido configurada por el FMGS y funcionará de forma automática.

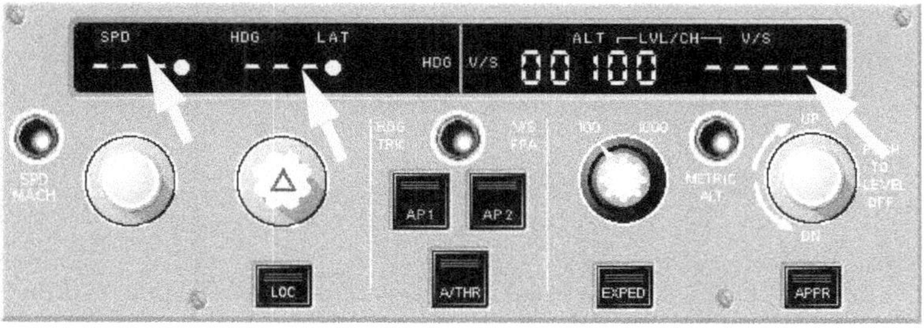

Por otra parte, la indicación de la altitud siempre permanece visible para los pilotos, independientemente del funcionamiento manual o automático. Para seleccionar una altitud o nivel de vuelo, el piloto solo tiene que girar manualmente la perilla giratoria debajo de la ventanilla que informa la altitud.

La perilla giratoria ofrece la opción de girar en dos diferentes valores, cada 100 pies o cada 1000 pies.

Para ello, el piloto debe activar una u otra opción desde una segunda perilla ubicada detrás de la principal donde indica 100 o 1000.

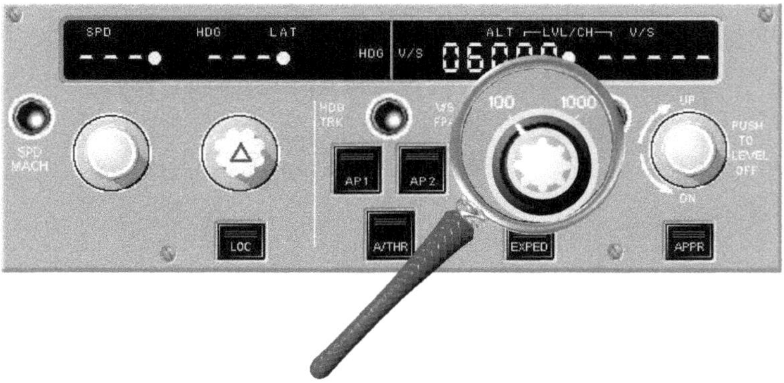

La velocidad puede puede configurarse en nudos o número de mach oprimiendo un botón de selección de unidades de velocidad, ubicado a la izquierda de la perilla de selección de la velocidad.

Cuando el piloto selecciona la opción de número de mach, en la ventanilla de velocidad cambiará la indicación de SPD por MACH.

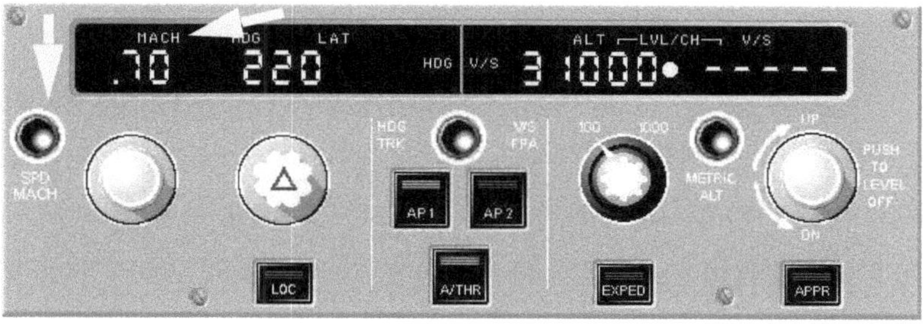

Luego de seleccionar el valor de velocidad que desee, el piloto puede seleccionar el modo automático presionando la perilla "Push" y en la ventanilla, el valor de velocidad cambiará a tres líneas con un punto indicando el modo de velocidad activado en automático.

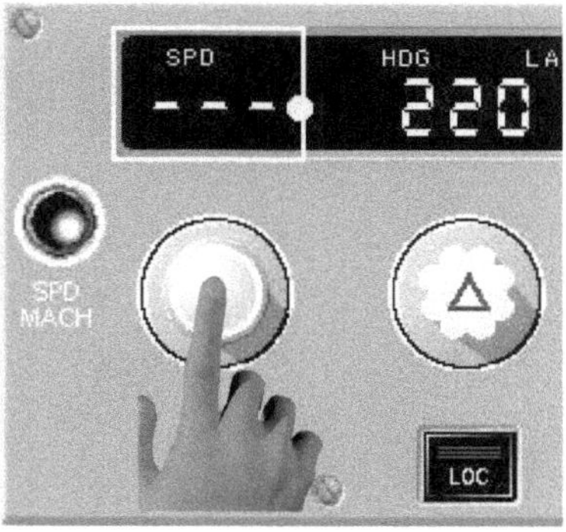

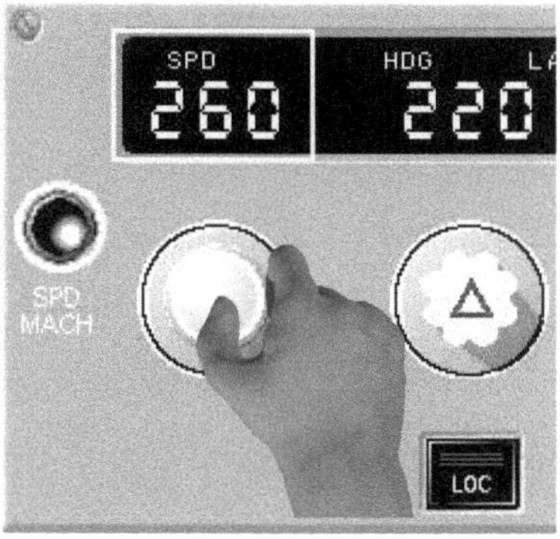

Por otra parte, al jalar de la perilla giratoria "Pull", la aeronave volará la velocidad seleccionada manualmente por el piloto.

Este principio de funcionamiento de girar para seleccionar el valor, presionar para automatizar el valor y jalar para volar el valor seleccionado (Turn & Push, or Turn & Pull), se repite en todas las perillas giratorias de selección del FCU.

Sobre la sección derecha del FCU se ubica la perilla giratoria de la velocidad vertical. Esta perilla de selección funciona de similar manera que las anteriores, con la salvedad de que al presionarla, la aeronave detendrá su navegación vertical (ascenso o descenso) para nivelar la trayectoria en la altitud que esté cruzando en ese momento.

Al girar la perilla y jalar de esta, la aeronave volará el perfil vertical seleccionado en pies por minuto. En este ejemplo, el piloto ha seleccionado un valor de 700 pies por minuto en descenso. Este valor puede expresarse en grados de un ángulo de ascenso o descenso en caso que el piloto haya seleccionado la opción FPA, analizada previamente.

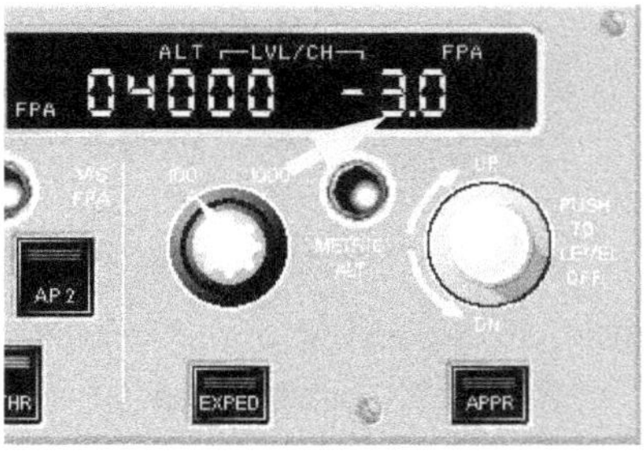

Adicionalmente, el piloto puede seleccionar la información de la altitud en metros, en lugar del valor expresado habitualmente en pies.

Para ello debe presionar un botón ubicado justo en medio de las perillas giratorias de selección de la altitud y la velocidad vertical, indicado como METRIC ALT. Esta información no se representará en la ventanilla de la altitud, sino que aparecerá en en margen inferior de la pantalla de sistema del ECAM. De esta manera, el piloto contará con la información en dos unidades de medidas al mismo tiempo.

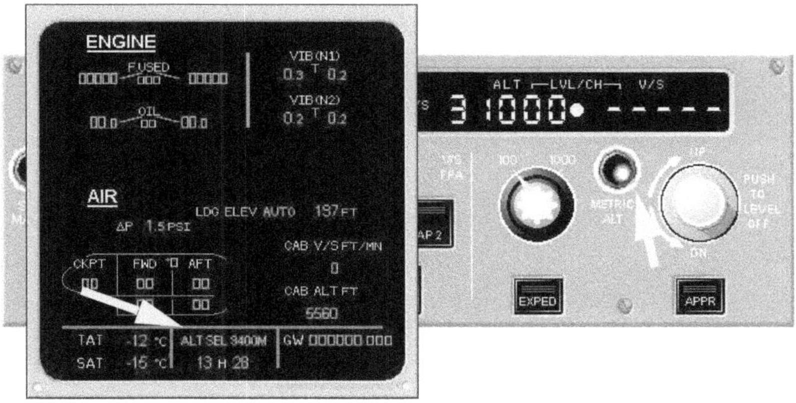

Respecto de los botones operativos, el FCU cuenta con seis de ellos. Tres ya analizados previamente (dos para el piloto automático 1 y 2, y uno para el sistema automático de potencia A/ THR). Los tres restantes refieren a la aproximación y a una operación especial de ascenso y descenso.

En el sector inferior izquierdo, el botón que activa la navegación horizontal basada en la información del localizador LOC. Cuando el piloto oprime el botón LOC, este ilumina una línea verde indicando su activación, mientras que en el FMA se indica LOC en azul, tal como se ha analizado previamente.

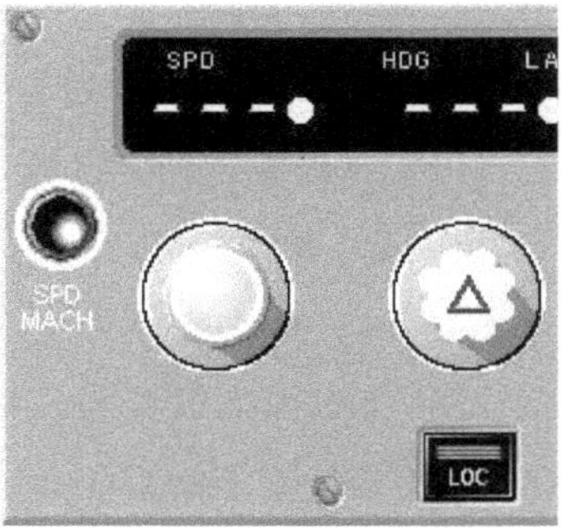

En el margen interior derecho del FCU, el botón para seleccionar el modo APPR (approach), al igual que el anterior, cuando el piloto presiona este botón se ilumina una línea verde indicando su activación, mientras que en el FMA, el piloto puede leer el modo G/S y LOC en color azul, indicando el modo de aproximación ILS completo en modo armado.

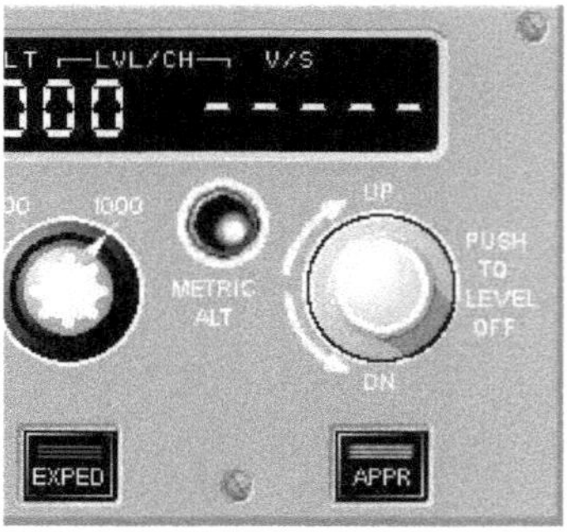

Finalmente, a la izquierda del botón APPR se encuentra el botón EXPED para activar el modo “Expedite”. Su activación permite apresurar el ascenso o descenso hasta la altitud deseada en caso de ser necesario. La velocidad se reducirá hasta “Green Dot” para incrementar el régimen de velocidad vertical a su máximo potencial.

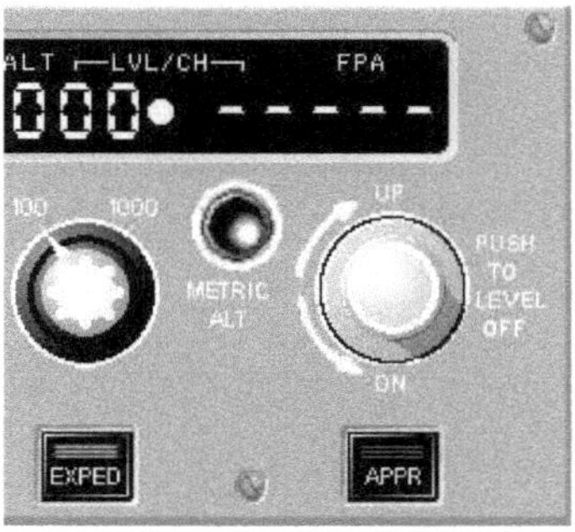

Capítulo 3

MCDU Multipurpose Control and Display Unit

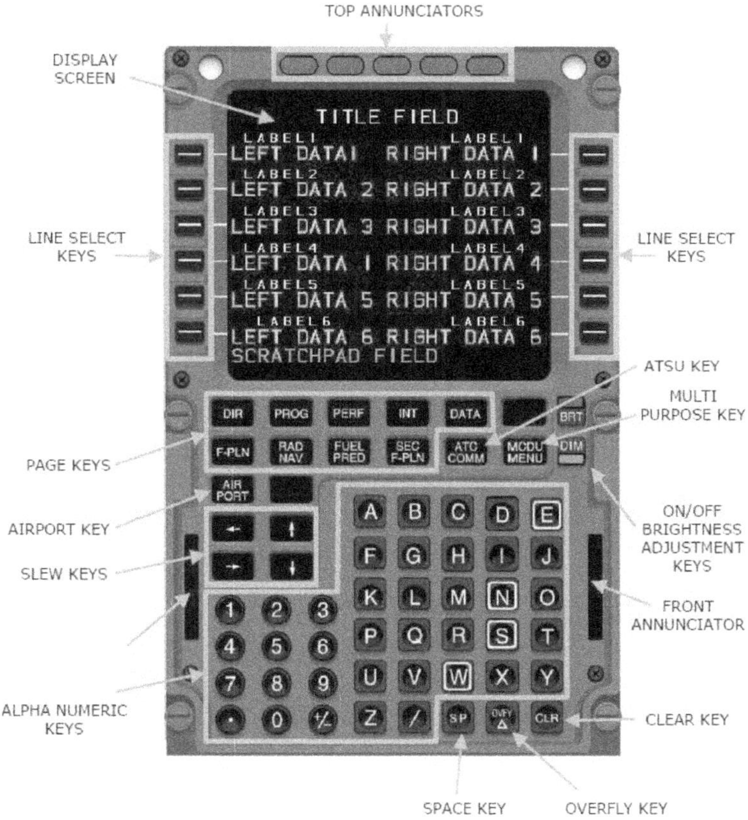

Este manual es solo para entretenimiento y/o entrenamiento. NO VÁLIDO PARA VUELO REAL. Para tal fin, por favor dirigirse a los manuales originales de Airbus en sus respectivos módulos.

Aviation Bookstore
aviation step by step

Introducción

El Sistema de gestión y guía de vuelo FMGS *(Flight Management Guidance System)* contiene las siguientes unidades:

- 2 computadoras de gestión y guía de vuelo FMGC *(Flight Management Guidance Computers)*
- 2 unidades de control multipropósito MCDU *(Multipurpose Control and Display Units)*
- 1 unidad de control de vuelo FCU *(Flight Control Unit)*
- 2 computadoras de control de vuelo FAC *(Flight Augmentation Computers)*

El sistema FMGS provee de predicciones de tiempos de vuelo, distancias, velocidades, perfiles económicos de vuelo y altitudes. Este sistema ayuda a reducir la carga de trabajo en la cabina de mando, mejorando la eficiencia y eliminando trabajos de rutina que suelen quitarle tiempo a los pilotos. El sistema FMGS opera de la siguiente manera:

- Durante la preparación de la cabina, la tripulación utiliza las unidades MCDU para insertar las rutas precargadas en el sistema desde el origen hasta el destino. Estas rutas incluyen: SID, EN ROUTE, WAYPOINTS, STAR, APPROACH, MISSED APPR, y rutas alternas disponibles en la base de datos de navegación.
- Adicionalmente, el sistema define el perfil vertical óptimo y su velocidad teniendo en cuenta los requerimientos del ATC y la performance de la aeronave.

Ambos sistemas FMGC realizan la misma tarea por si alguno falla.

El FMGS toma la posición de la aeronave constantemente utilizando datos de performance y navegación provistos por el sistema. Por lo tanto puede dirigir a la aeronave por una ruta cargada en el sistema planificando el perfil vertical de vuelo y sus velocidades. Este tipo de guía o sistema de vuelo se conoce como ***"Managed"*** o administrado. Si la tripulación desea modificar algún parámetro (SPD, V/S, HDG, etc.) temporariamente, deben hacerlo utilizando los controles ubicados en el FCU (Flight Control Unit). En este caso, el FMGS guiará a la aeronave hacia los nuevos valores modificados por los pilotos. Este tipo de guía o sistema de vuelo se conoce como ***"Selected"*** o seleccionado.

Resumiendo, los dos tipos de guías de vuelo son:

- ***Managed***: vuelo administrado a lo largo de una ruta planificada incluyendo el perfil vertical y sus velocidades de manera automática. El FMGS computa diferentes valores de todos los parámetros del vuelo.

- ***Selected:*** vuelo guiado hacia la selección de parámetros realizada por los pilotos. Continúa siendo un vuelo automático pero hacia parámetros elegidos por la tripulación.

El modo SELECTED siempre tiene prioridad sobre el modo MANAGE!

Cada FMGC está dividida en dos partes:

El sistema de gestión o FM *(Flight Management)* que controla las siguientes funciones:

- Navegación y gestión de las radio ayudas.
- Gestión del plan de vuelo.

- Predicción y optimización de la performance de la aeronave.
- Gestión de pantallas e indicativos visuales.

El sistema de guía o GM *(The Flight Guidance)* lleva a cabo las siguientes funciones:

- Comanda el sistema de piloto automático AP.
- Comanda el sistema de director de vuelo FD.
- Comanda el sistema de potencia automática A/THR.

Cada FMGC posee su propia base de datos. Cada una de estas bases de datos independientes puede ser cargada en cada FMGC o copiada de una a otra. Cada FMGC contiene la siguiente base de datos: Una base de datos de navegación que contiene: radio ayudas, waypoints, aerovías, información de rutas, patrones de espera, aeropuertos, pistas, procedimientos IFR, y rutas alternas. Las aerolíneas deben actualizar esta base de datos cada 28 días a fin de mantener las operaciones seguras con información actualizada.

Multipurpose Control and Display Unit (MCDU)

En el "Pedestal Panel" se encuentran instaladas dos MCDUs, una para cada piloto. Su uso le da la posibilidad a los pilotos de intervenir sobre el FMGC en la selección de un plan de vuelo en sus trayectoria vertical y horizontal como así también sobre las velocidades. La tripulación también puede modificar los datos de la navegación y performance junto con algunas funciones específicas de la gestión del vuelo (plan de vuelo, salidas con falla de motor, plan de vuelo secundario, y mas). Cualquier informacion errónea que sea ingresada en la MCDU será descartada por el sistema y generará un mensaje de aviso en la pantalla.

Operación del sistema

El Sistema FMGS posee tres modos de operación:

- Dual mode (el modo tradicional)
- Independent mode. Cada FMGC es controlada por cada MCDU.
- Single mode (utiliza una sola FMGC).

Dual Mode

Este es el modo normal. Las dos FMGC están sincronizadas. Cada una realiza sus propios cómputos e intercambian datos entre si. Una FMGC es la principal y la otra es asistente. Cada dato insertado en cualquier MCDU es transferido a ambas FMGC.

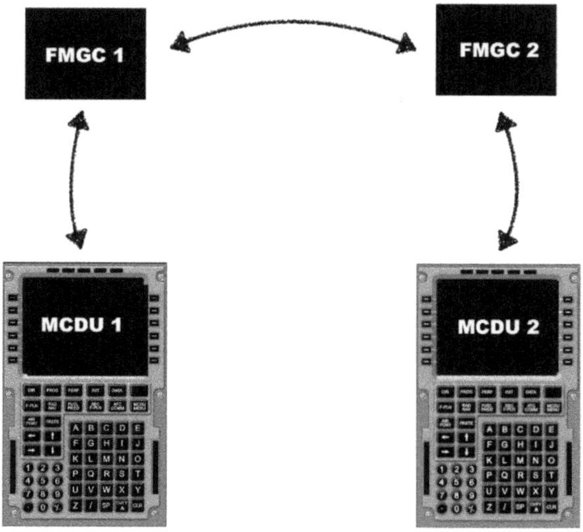

FMGC Lógica de uso

- Si un autopilot (AP) está conectado, su FMGC asociado será la principal:
  - Utiliza su FD para guiar el vuelo
  - Controla la potencia automática A/THR
  - Controla los FMA 1 y 2
- Si dos autopilots (AP) están conectados, FMGC 1 es la principal
- Si ningún autopilot (AP) está conectado y :
  - El botón del FD1 está en "on", FMGC 1 es la principal
  - El botón del FD1 está en "off", y el del FD2 en "on", la FMGC 2 será la principal
- Si el AP y el FD no están conectados, el A/THR será controlado por la FMGC 1.

Independent Mode

El sistema selecciona este modo de forma automática ante una situación anormal. Ambas FMGC trabajan independientes y no comparten información. Cuando esto ocurre, aparece el mensaje "INDEPENDENT OPERATION" en la pantalla de MCDU. Cada MCDU transmite y recibe datos de tu propia FMGC.

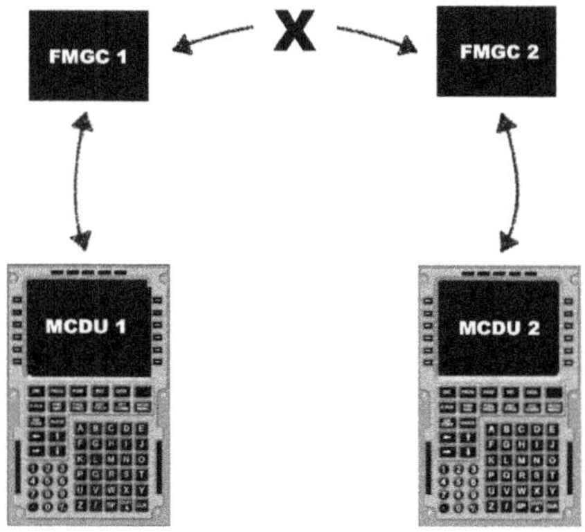

Single Mode

El sistema selecciona este modo de forma automática cuando falla una de las FMGC. El sistema en falla muestra el mensaje "OPP FMGC IN PROCESS" en la pantalla de la MCDU. En el display de navegación (ND) asociado a este sistema se muestra el mensaje "SELECT OFFSIDE RNG/MODE". Cualquier dato que se ingrese en cualquiera de las dos MCDU será enviado a la FMGC operativa.

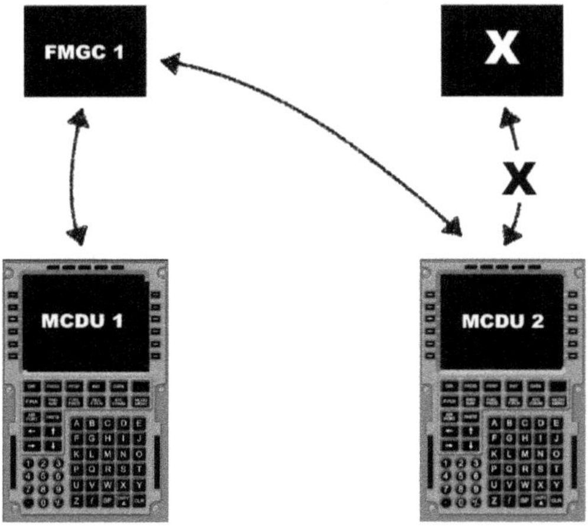

Información general de la MCDU

La unidad de control multipropósito o MCDU *(The Multipurpose Control and Display Unit)* ofrece una pantalla con 14 líneas de datos de 24 caracteres cada una. Incluye las siguientes secciones:

- La primera línea de letras indica el título de la pagina actual en un tamaño mas grande que el resto de las letras y en color blanco.

- Seis líneas de texto a cada lado de la pantalla que funcionan como etiquetas de los datos que se ingrese en cada una de esas líneas.
- Seis campos de ingreso de datos de cada lado de la pantalla. Cada campo cuenta con su propia Tecla de ingreso de datos. Sobre el margen del equipo.
- Una sección inferior de escritura que muestra:
  - Mensajes específicos.
  - Toda la información que la tripulación desea cargar en los campos correspondientes y que se definen con palabras escritas desde el teclado principal alfanumérico.

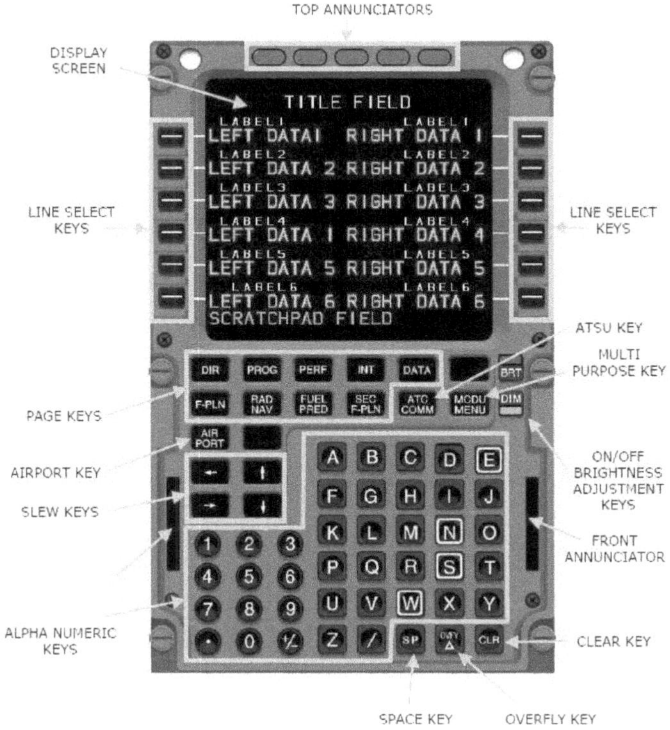

Existen dos columnas de teclas de inserción de datos, una a cada lado de la pantalla. Permiten a la tripulación lo siguiente:

- Insertar los datos escritos en la pantalla sobre la línea de datos correcta.
- Utilizar una determinada función especifica en cada pagina y referida con una de estas teclas.
- Verificar las revisiones laterales y verticales en la pagina de plan de vuelo.

El teclado incluye:

↑ ↓ **Flechas de desplazamiento:** Teclas que permiten el desplazamiento vertical de la información que ofrece la pantalla hacia arriba y hacia abajo.

← → **Flechas laterales:** Mueve las páginas dentro de una misma sección. Por ejemplo, dentro de la pagina INIT existen dos páginas, INIT A e INIT B.

Tecla AIRPORT: Esta tecla lleva directamente a la página de plan de vuelo donde se indica el aeropuerto próximo en la lista, pudiendo ser el de destino, o bien, un aeropuerto alterno.

Teclado alfanumérico: Las teclas alfanuméricas ofrecen la posibilidad de ingresar cualquier tipo de mensaje y/o valor a insertar en el sistema.

Tecla CLR (clear): Esta tecla permite borrar datos mal insertados desde el teclado alfanumérico, o bien, borrar líneas de datos ya ingresadas desde las teclas laterales.

Tecla OVFY (overfly): Ofrece la posibilidad de insertar un sobrevuelo obligatorio por un punto determinado.

Tecla SP (space): Inserta espacio entre caracteres.

BRT Perilla: controla el encendido y la intensidad de luz de la pantalla.

Ingreso de datos

La tripulación debe ingresar los datos tipeando los mismos sobre el teclado del equipo y luego presionar sobre la tecla lateral de la pantalla en la línea de datos donde desea insertar la información. Si la información qué se desea insertar está mal escrita aparecerá un mensaje de error. Los datos mal ingresados pueden ser borrados oprimiendo la tecla CLR. Para insertar un doble valor a una misma línea de datos, es necesario separar estos valores por medio de una barra, por ejemplo nivel de vuelo y temperatura 080/12.

DATA	MCDU COLOR
TITLES, COMMENTS, <, >, ↑ ↓, ← →, DASHES, MINOR MESSAGES	WHITE
- MODIFIABLE DATA - SELECTABLE DATA - BRACKETS	BLUE
- NON MODIFIABLE DATA - ACTIVE DATA	GREEN
- MANDATORY DATA (BOXES) - FLIGHT CREW ACTION REQUIRED - IMPORTANT MESSAGES - MISSED CONSTRAINT	AMBER
- CONSTRAINTS - MAX ALTITUDE	MAGENTA
PRIMARY F-PLN	GREEN WAYPOINTS, WHITE LEGS
TEMPORARY F-PLN	YELLOW WAYPOINTS, WHITE LEGS
SECONDARY F-PLN	WHITE WAYPOINTS AND LEGS
MISSED APPROACH (not active)	BLUE WAYPOINTS, WHITE LEGS
ALTERNATE F-PLN (not active)	BLUE WAYPOINTS, WHITE LEGS
OFFSET	GREEN WAYPOINTS, WHITE LEGS, OFST DISPLAYED IN THE TITLE OF THE F-PLN PAGE
TUNED NAVAID	BLUE
"TO" WAYPOINT AND DESTINATION	WHITE

Páginas del sistema MCDU

La información que ofrece el sistema está dividida en diferentes páginas para cada etapa del vuelo. A continuación se detallan cada una de estas páginas.

MCDU - Página Menú

En esta página inicial se alistan todos los sistemas a los que el piloto puede acceder desde la MCDU. El piloto puede seleccionar el sistema que desea utilizar oprimiendo la tecla lateral que le corresponda a este. La cantidad de sistemas disponibles dependerá del equipamiento de la aeronave.

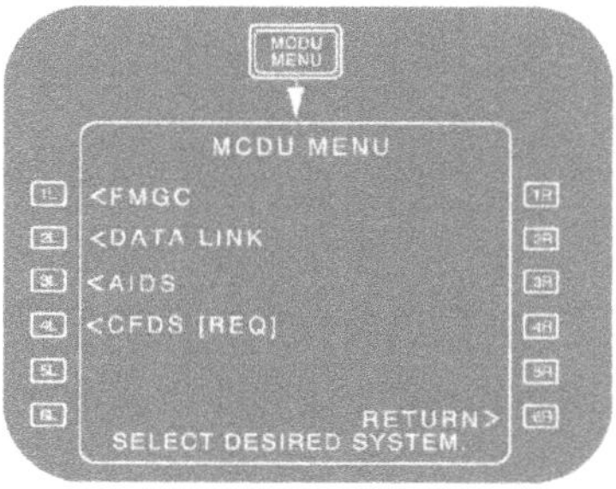

MCDU Página INIT (inicio)

En esta página inicial, el piloto debe cargar la información básica sobre el plan de vuelo, como ser, el origen y el destino, el nivel de vuelo, información de el viento, temperatura, número de vuelo, ruta pre-cargada de la compañía en caso de qué exista, y por último, inicializar los sistemas inerciales para posicionar la aeronave en un punto geográfico determinado.

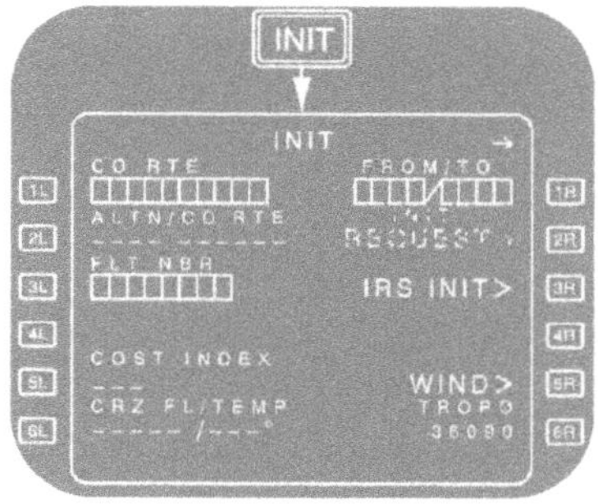

Adicionalmente, dentro de la página INIT existe una segunda página a la que se la nombra como INIT B. En ella se podrán cargar datos relativos a la performance del vuelo, como ser, los pesos de la aeronave y diferentes valores de combustible. Para pasar desde la página INIT A hacia la página INIT B, el piloto sólo debe oprimir la tecla de las flechas laterales. En algunos modelos, esta tecla es reemplazada por otra denominada NEXT PAGE. A continuación se detallan los principales ítems sobre los que el piloto puede intervenir y cargar información:

CO RTE (company route): en este campo, el Piloto puede ingresar una ruta pre cargada de la compañía en caso de que exista alguna. Esta ruta ya incluirá el origen y destino junto con la aerovía a sobrevolar.

ALTN/CO RTE (alternate company route): al igual que en el campo anterior, aquí el piloto puede ingresar una ruta pre cargada de la compañía, pero en este caso como alternativa a la ruta principal.

FLT NBR (flight number): en esta sección el piloto ingresa el número de vuelo asignado y servirá como identificador del mismo.

COST INDEX: este se trata de un valor que busca optimizar la relación costo performance y es definido por la compañía.

CRZ FL/TEMP: en este campo el piloto podrá insertar y/o modificar el nivel de vuelo crucero a adoptar junto con la temperatura reportada a ese nivel. Éstos valores ayudarán a que el sistema realice los cálculos y predicciones correspondientes.

FROM/TO: en este campo el piloto debe ingresar el código OACI del aeropuerto de origen y de destino. Con esta información, el sistema planificará la ruta a seguir.

IRS INIT: en esta opción el piloto tiene la posibilidad de inicializar los sistemas inerciales que le darán el posicionamiento geográfico a la aeronave y permitirán su navegación.

WIND: al acceder a esta opción, el piloto debe insertar la información del viento a diferentes altitudes con el fin de que el sistema pueda realizar las predicciones de velocidades y consumos a lo largo de toda la ruta.

TROPO: finalmente el piloto ingresará la altitud de la tropopausa informada en los reportes meteorológicos.

Página de selección de rutas (dentro de INIT)

Esta página muestra todas las rutas pre cargadas asociadas a los aeropuertos seleccionados. Las rutas pueden ser cargadas manualmente por el piloto insertando los datos en el campo FROM/ TO o de forma automática por el sistema.

Página de información del viento (dentro de INIT)

La información del viento durante las fases de ascenso, crucero, descenso y aproximación, son valores necesarios que le permitirán al sistema realizar las predicciones y planificar la performance de vuelo.

Vientos en ascenso

Esta página le permite al Piloto ingresar, modificar y revisar valores del viento en cinco niveles diferentes.

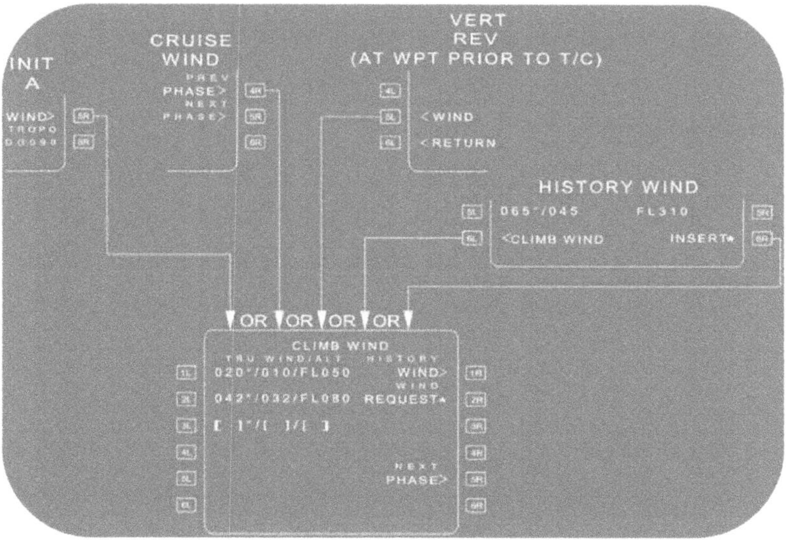

Historial de vientos: esta página no puede ser modificada por los pilotos pero puede ser insertada si no se cuenta con la información actual.

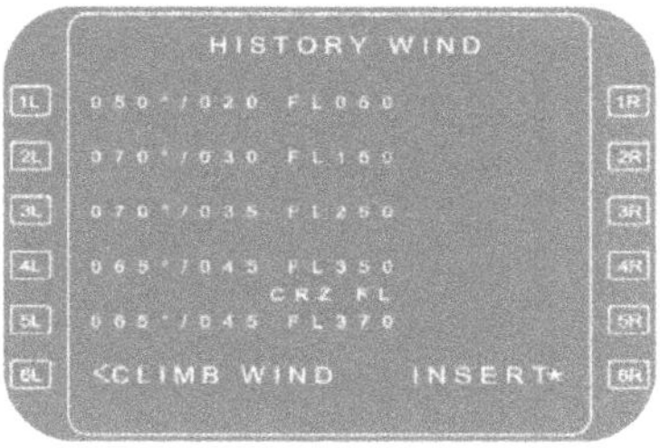

Vientos en crucero

En esta página se detallan los datos del viento para cada uno de los puntos que intervienen en la fase de crucero.

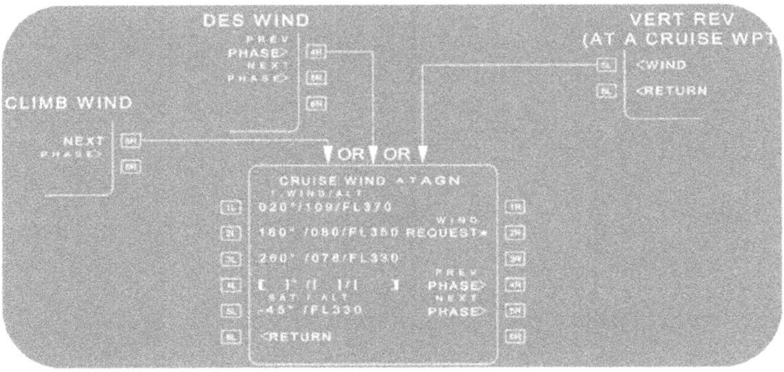

Viento en descenso

Desde la etapa anterior y al presionar la opción de NEXT PHASE el piloto accede a los datos de vientos durante la fase de descenso, estos datos permitirán calcular el perfil de descenso de la aeronave.

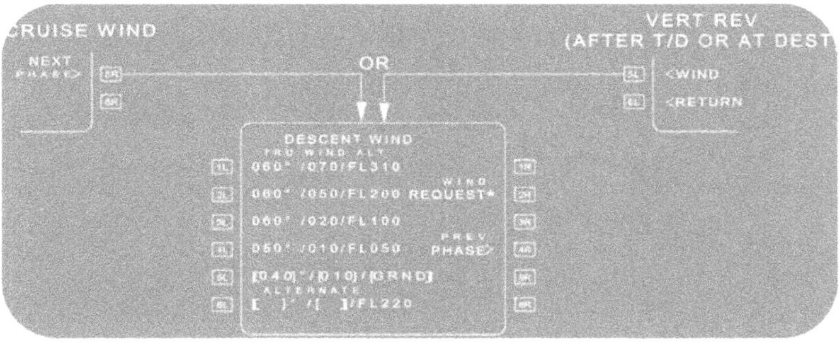

Página Init B

En esta página se define el peso de la aeronave y el centro de gravedad de la misma. Se ingresan valores de combustible total y parcial a fin de permitir que el sistema realice los cálculos pertinentes. Para acceder a esta página, desde la página INIT A, el piloto debe oprimir la tecla de la flecha lateral, o la tecla NEXT PAGE.

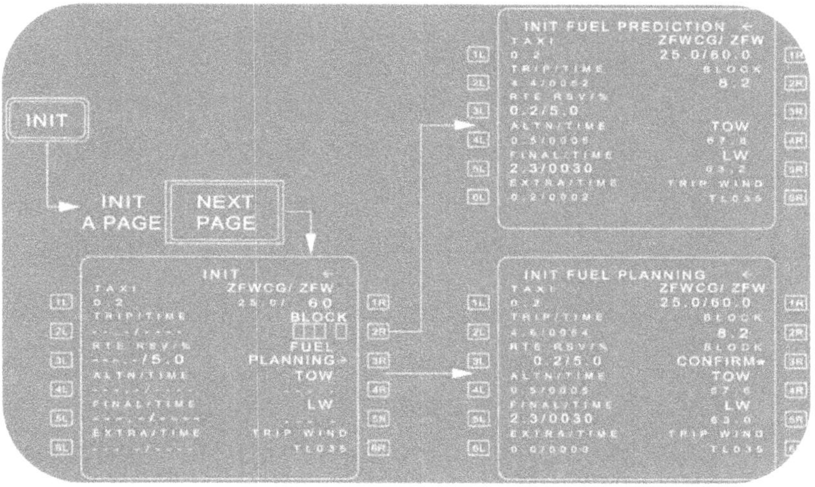

TAXI: en este campo el piloto debe ingresar la cantidad de combustible que prevé utilizar para el rodaje.

TRIP/TIME: este campo muestra el combustible requerido para el vuelo y el tiempo del mismo cuando el Sistema logre finalizar con todos los cálculos y predicciones. El piloto no puede modificar este campo.

RTE RSV%: en este campo el piloto ingresa el combustible de reserva que prevé guardar para su vuelo. Este valor puede variar en función a la política de la compañía.

ALTN/TIME: éste es un campo informativo y el piloto no puede ingresar datos en el. Aquí el sistema informa el combustible y el tiempo requerido para dirigir el vuelo hacia la alternative.

EXTRA/TIME: en este último campo el piloto puede definir una cantidad de combustible extra al combustible total requerido. Esta cantidad representará un tiempo extra de vuelo disponible.

ZFWCG/ZFW: aquí se ingresa el peso vacío y sin combustible de la aeronave junto con el valor del centro de gravedad. Esta información es indispensable para las predicciones y cálculos que realizará el sistema durante el vuelo.

BLOCK: este campo es requerido de forma obligatoria por el sistema para el cálculo de la performance del vuelo y las predicciones de consumos de combustible. Aquí el piloto ingresa la cantidad total que prevé cargar en los tanques de combustible de la aeronave.

TOW: este campo indica el peso total de despegue. No es un valor que el Piloto pueda insertar directamente pero puede modificarlo al modificar los valores anteriores de combustible y pesos.

LW: éste es un valor no modificable e indica el peso previsto de aterrizaje al momento de hacer contacto con la pista en el aeropuerto de destino.

MCDU Página FUEL PRED

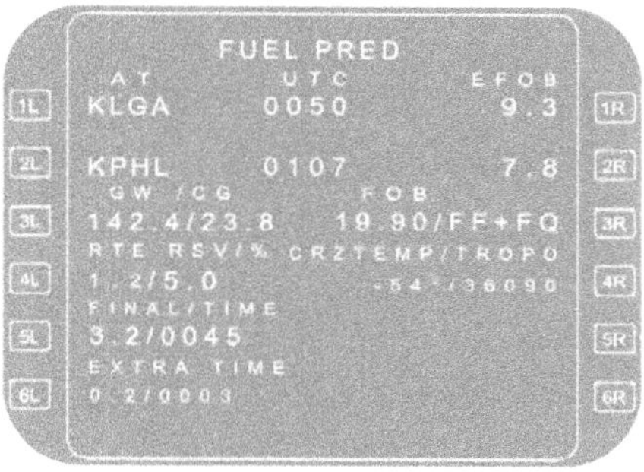

Cuando el piloto oprime la tecla FUEL PRED accede a la información de la predicción de combustible en el destino y la alternativa como así también la información de manipulación de combustible al encender los motores.

AT/UTC/EFOB: luego del despegue las predicciones del sistema muestran el tiempo en UTC y el combustible estimado al arribo.

GW/CG: GW: el sistema calcula el peso de la aeronave durante el vuelo. Si no se ha ingresado un peso en vacío de la aeronave, la pantalla mostrará la sección con un recuadro en color ámbar. El piloto debe ingresar este valor para que el sistema pueda calcular las velocidades y predicciones de consumes.

CG: el sistema actualiza constantemente la localización del centro de gravedad. El piloto debe ingresar este valor inicial para que el sistema posea información suficiente para realizar las predicciones de velocidad y perfiles de vuelo.

FOB: este valor indica el combustible a bordo de la aeronave. Es un valor computado en base al flujo de combustible y la cantidad del mismo en todo momento.

MCDU Página F-PLN

Esta página muestra todos los puntos activos y alternativos del Plan De Vuelo junto con todas las predicciones de tiempos, distancias, etc. El piloto puede verificar el perfil lateral y el perfil vertical de vuelo con las teclas en ambos costados de la pantalla, la sección izquierda indica las teclas para las revisiones laterales de la navegación, y la sección derecha las teclas para las revisiones verticales de la navegación. Para acceder a esta página, se debe oprimir la tecla F-PLN desde la consola de tecla de la MCDU.

F-PLN Página A:

La página A muestra las predicciones de tiempo, velocidad y altitudes para cada uno de los puntos del plan de vuelo.

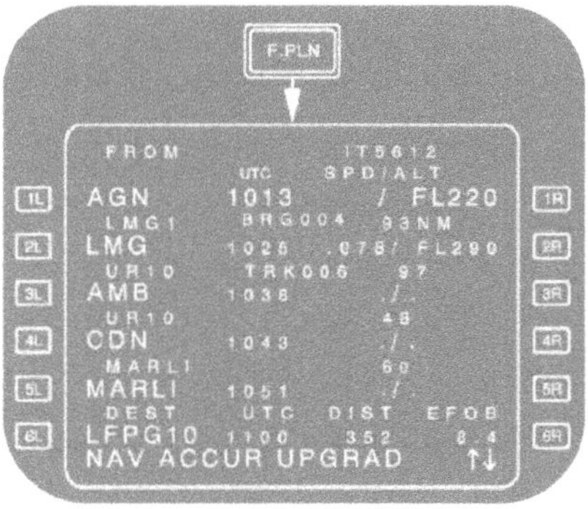

DEST UTC/TIME DIST/EFOB: En la sección inferior de la pantalla, el sistema ofrece la información de la hora de arribo, la distancia remanente, y el combustible a bordo de la aeronave, actualizando estos datos de forma permanente.

Predicciones

El sistema calcula y muestra las predicciones para próximos puntos de la ruta considerando la componente de viento hacia el próximo punto. Para el resto de los puntos de la totalidad de la ruta, el sistema basa sus cálculos en las predicciones de vientos insertados en el sistema.

Restricciones

La base de datos del sistema puede definir restricciones de velocidad y altitud para cada uno de los puntos que intervienen en la ruta, menos para el origen y el destino. Éstas restricciones se representan con un asterisco (*) de color magenta en la pantalla de la MCDU y con un círculo del mismo color ubicado sobre el punto a restringir y representado en el ND. Por ejemplo, si en un determinado punto de la ruta existe una restricción de velocidad máxima, y el sistema interpreta que la aeronave no será capaz de desacelerar hasta esta velocidad en este punto, en la pantalla de la MCDU aparecerá un mensaje de advertencia como el siguiente: “SPD ERROR AT WPT”.

F-PLN Página B:

Esta página muestra las predicciones de combustible y vientos para cada punto de la ruta. Para acceder a esta segunda página, se debe oprimir la tecla NEXT PAGE.

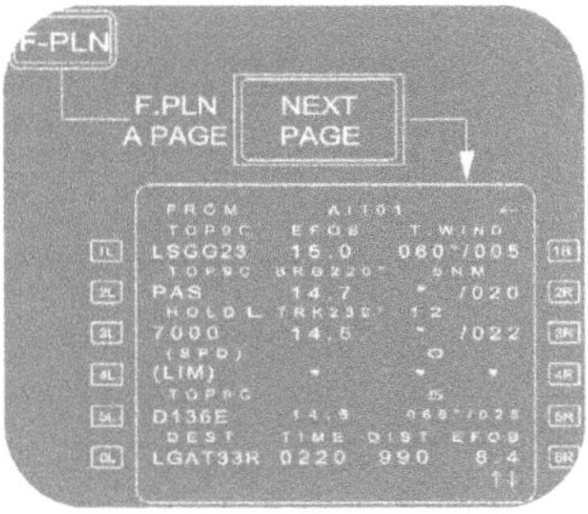

Páginas de revisión lateral (LAT REV)

Estas páginas ofrecen la posibilidad de modificar las variables sobre la navegación lateral en el plan de vuelo. El Piloto puede acceder a las páginas de revisión lateral oprimiendo las teclas de la sección izquierda de la pantalla. El sistema ofrece diferentes opciones: la planificación del aeropuerto de salida (departure), elección de aeropuertos alternativos, elección de patrones de espera, cambios de aerovías, waypoints, etc.

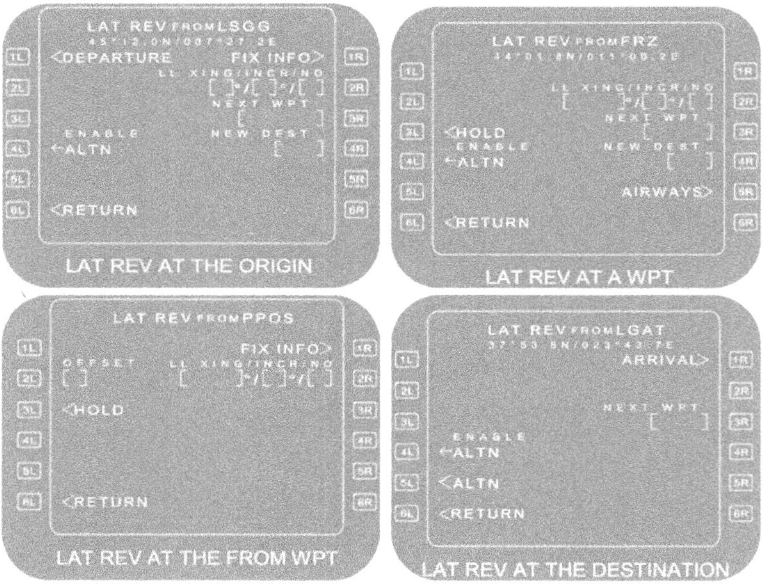

DEPARTURE: Esta opción da la posibilidad de seleccionar la carta de salida instrumental y la pista en uso para el despegue.

HOLD: desde esta opción se accede a la configuración de un patrón de espera sobre un determinado punto.

ENABLE ALTN: en esta opción el piloto habilita el aeropuerto de alternative como nuevo destino en el plan de vuelo.

ALTN: esta opción ofrece la información sobre el aeropuerto de alternativa seleccionado al inicio de la carga de datos en el sistema.

ARRIVAL: desde esta sección, el piloto puede cargar toda la información relativa a la aproximación, cartas o procedimientos instrumentales para todas las pistas en uso.

NEXT WPT: esta opción habilita la posibilidad de cargar un nuevo punto en el sistema, el cual será incluido en el plan de vuelo activo.

NEXT DEST: esta opción permite cargar el código de un nuevo aeropuerto de destino.

AIRWAYS: desde esta sección se accede a la página de información de aerovías disponible sen la base de datos del sistema.

Página DEPARTURE

Acceder a esta página, el piloto puede seleccionar la pista en uso, luego seleccionar la carta de salida instrumental para esta pista, y por último, el punto de transición de la misma en caso de que exista. A un costado de la información de cada pista, aparece la información de la longitud de cada una de ellas y el sistema ILS con el que cuenta, en caso de contar con uno.

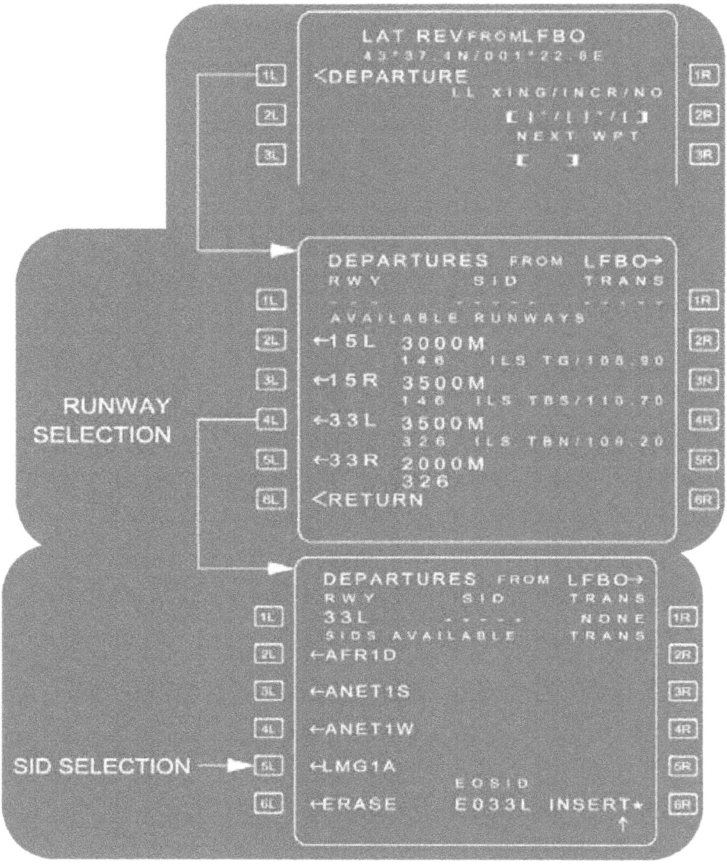

Página HOLD

Al ingresar en la revisión lateral, aparece la opción de la página de esperas (HOLD) donde el piloto podrá verificar los parámetros de un patrón de espera establecido, o bien, establecer uno nuevo sobre un determinado punto.

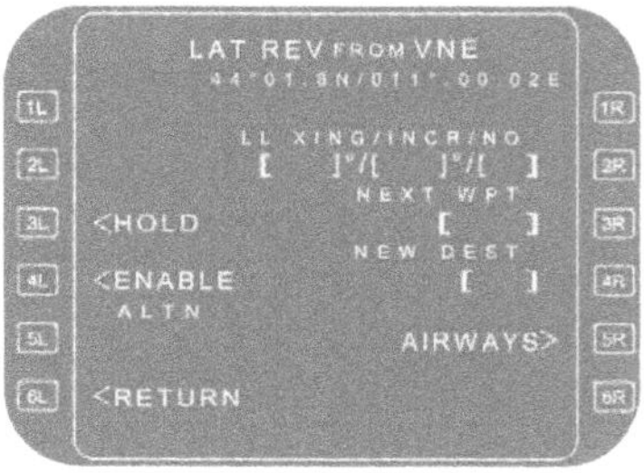

Si la espera que el Piloto desea insertar coincide con la establecida en la base de datos, solo se deberá oprimir la tecla que indica INSERTAR. Por otra parte, si el piloto desea modificar alguno de los valores, sólo bastará con ingresar el valor y oprimir la tecla lateral que coincida con éste. Por ejemplo si desea realizar la espera por izquierda, deberá escribir la letra L e insertarla con la tecla lateral L2 para que el sistema cambien de TURN R a TURN L.

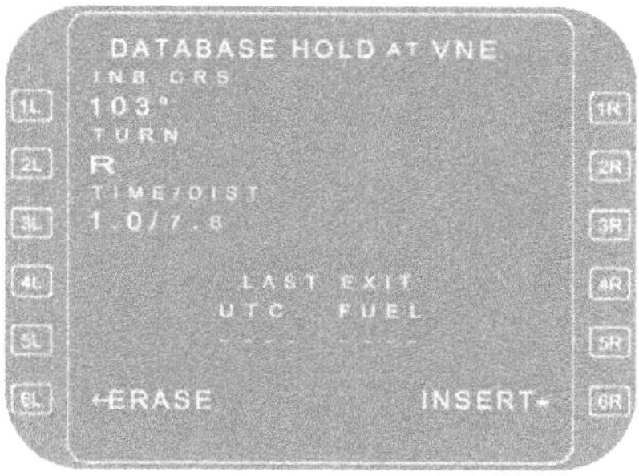

LAST EXIT: Esta opción Informativa indica la última instancia hasta la que el piloto puede mantener el vuelo sobre el patrón de espera basado en la cantidad de combustible que posee la aeronave. Informará la ultima hora a la que se puede llegar en esta condición y el combustible remanente mínimo.

Página ARRIVAL

En esta página, el piloto puede elegir los procedimientos de ingreso y aproximación instrumental hacia el aeropuerto de destino. El sistema ofrece la opción de seleccionar toda la cartografía disponible y la pista en uso. La selección comienza con el procedimiento de aproximación hacia la pista. Luego continúa con la selección de la carta de ingreso al terminal (STAR), en caso de que exista. Y por último la selección del punto de transición o vía, en caso de que exista uno.

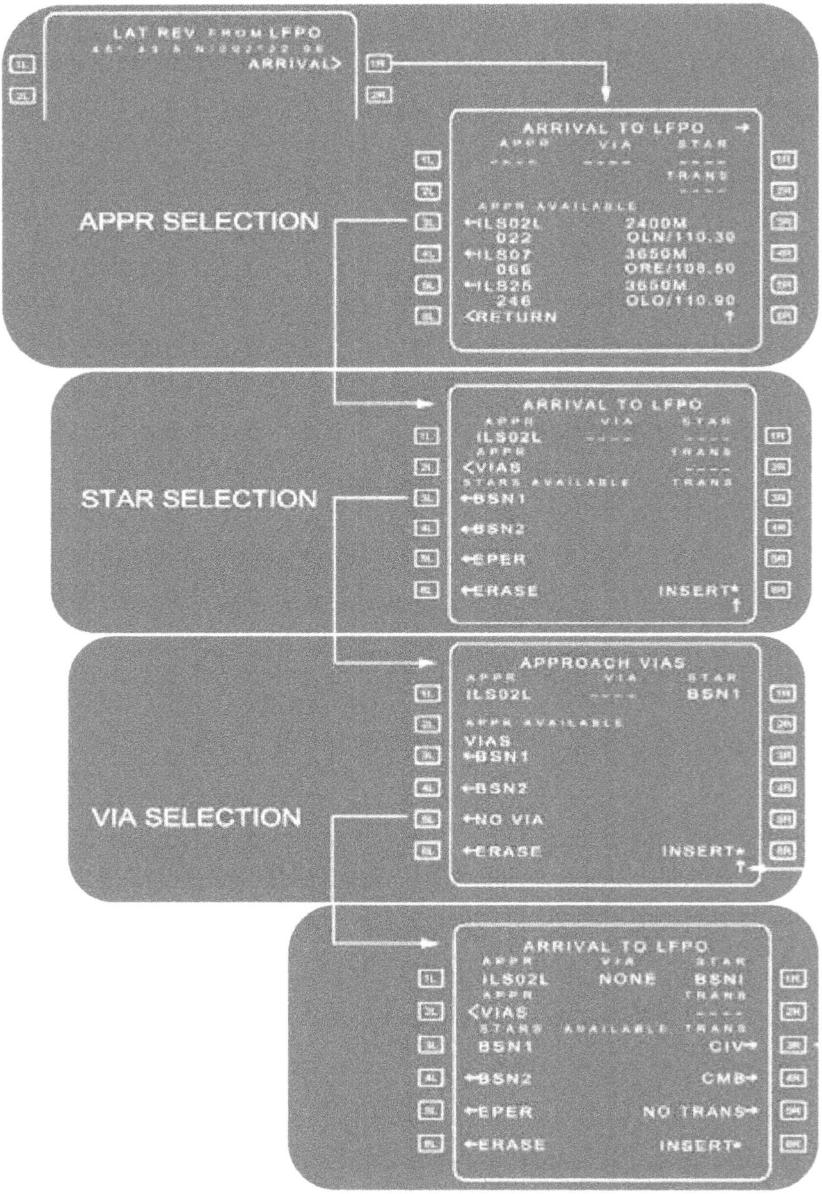
LAT REV FROM LFPO
ARRIVAL>
ARRIVAL TO LFPO
APPR VIA STAR
TRANS
APPR AVAILABLE
APPR SELECTION
←ILS02L 2400M
022 OLN/110.30
←ILS07 3650M
066 ORE/108.50
←ILS25 3650M
246 OLO/110.90
<RETURN
ARRIVAL TO LFPO
APPR VIA STAR
ILS02L
APPR TRANS
<VIAS
STARS AVAILABLE TRANS
STAR SELECTION
←BSN1
←BSN2
←EPER
←ERASE INSERT*
APPROACH VIAS
APPR VIA STAR
ILS02L BSN1
APPR AVAILABLE
VIAS
←BSN1
←BSN2
VIA SELECTION
←NO VIA
←ERASE INSERT*
ARRIVAL TO LFPO
APPR VIA STAR
ILS02L NONE BSNI
APPR TRANS
<VIAS
STARS AVAILABLE TRANS
BSN1 CIV→
←BSN2 CMB→
←EPER NO TRANS→
←ERASE INSERT*

Página ALTERNATE

Esta página habilita al piloto a verificar los aeropuertos de alternativa cargados en la base de datos del Sistema. En caso de no encontrarse el aeropuerto deseado, el piloto podrá ingresar cualquier aeropuerto que desee utilizar aunque este no esté en la base de datos.

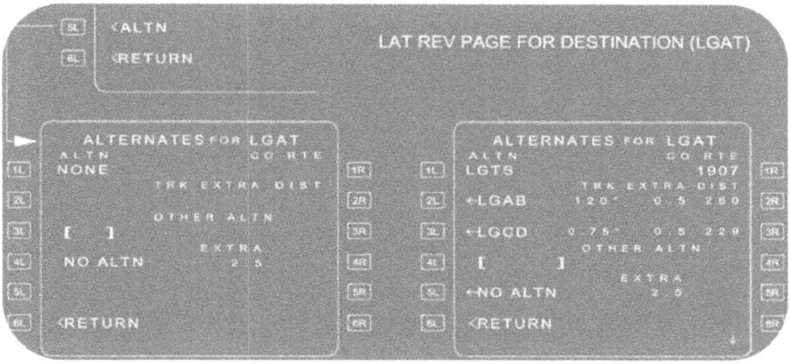

Páginas de revisión vertical (VERT REV)

Las páginas de revisión vertical ofrecen la posibilidad de gestionar los recursos del perfil vertical del plan de vuelo sobre cualquier punto que intervenga en la ruta. Para acceder a estas páginas el piloto debe oprimir cualquiera de las teclas del sector derecho de la pantalla.

Existen diferentes valores que pueden ser modificados en estas páginas de revisión vertical, como ser: insertar restricciones de velocidad y altitud a cualquier punto de la ruta, establecer restricciones de tiempos sobre una determinada posición y acceder a la información de vientos en un determinado punto.

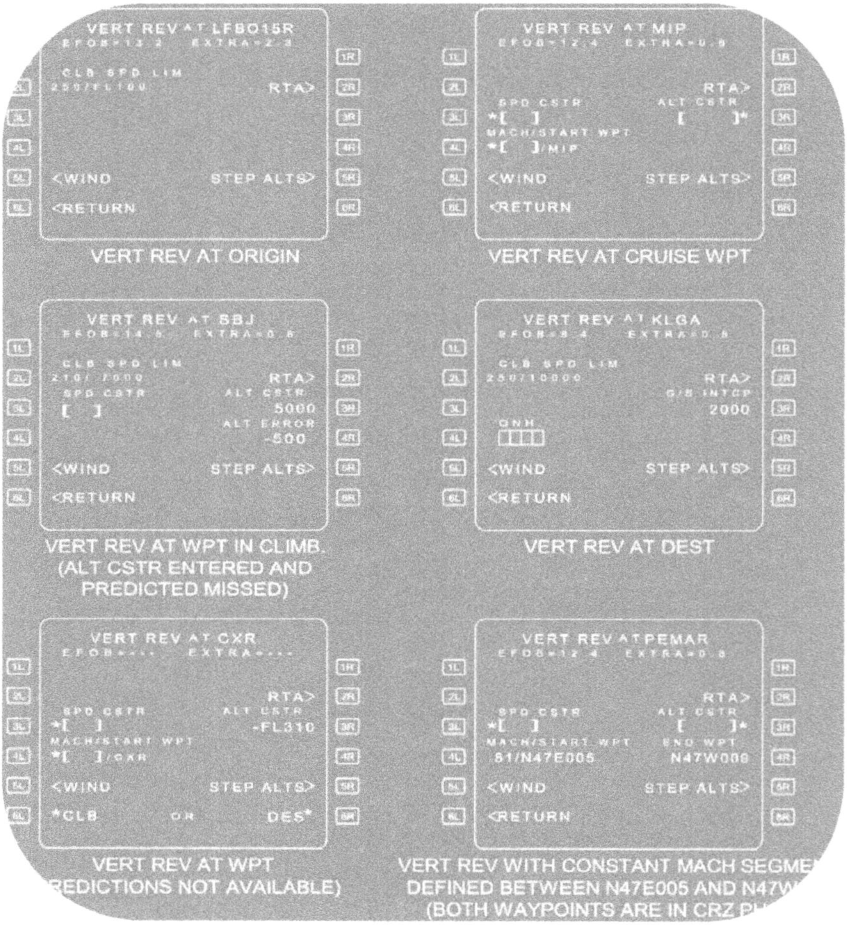

CLB/DES SPD LIM: en este campo se establece una restricción de velocidad para las fases de ascenso y descenso.

SPD CSTR: en este campo se definen las restricciones de velocidad para cualquier punto que intervenga en la ruta planificada. A diferencia del campo anterior, este campo permite restricciones en todas las fases del vuelo.

ALT CSTR: en este campo se establecen las restricciones de altitudes y/o niveles de vuelo para cualquier punto de la ruta planificada. Las restricciones pueden ser sobre una altitud exacta, sobre una altitud determinada o inferior, y sobre una altitud determinada o superior. Por ejemplo:

"At", XXXXX (nombre del punto) FL180.

"At or above", XXXXX (nombre del punto) + FL + 310.

"At or below", XXXXX nombre del punto -5 000.

RTA Page

Por último, la función RTA (required time of arrival) qué ofrece la posibilidad de establecer una restricción de tiempo sobre un determinado punto, indicándole al sistema que es necesario pasar por dicho punto en el horario establecido. Para lograr cumplir con esta restricción, la aeronave realizará todos los cálculos correspondientes a fin de adecuar su performance para poder cumplir con el objetivo de llegar a el punto solicitado a la hora solicitada.

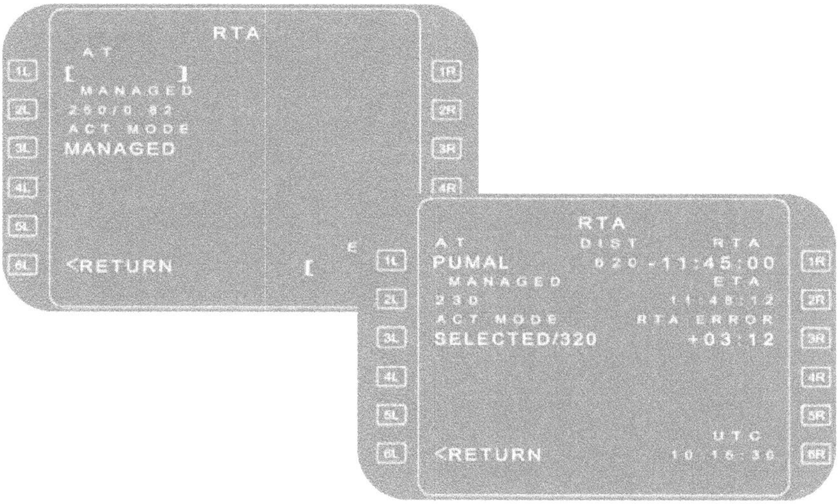

MCDU Página DIRECT TO

Cuando el piloto oprime la tecla DIR, el sistema habilita la opción de elegir cualquier punto de la ruta para realizar un vuelo directo en línea recta hacia este. Activar esta opción, en la sección del campo L1 se abre la opción de insertar cualquier punto de la ruta planificada e indicarle al sistema que debe dirigirse directamente hacia el.

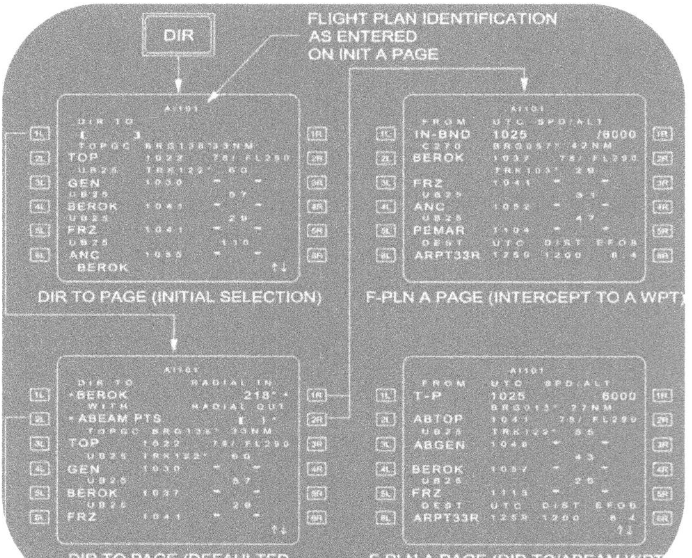

Luego de establecer el punto hacia el cual se desea volar de forma directa, la página de F-PLN sufrirá modificaciones en la presentación de la información ya que pasará lateral a los puntos planificados con anterioridad.

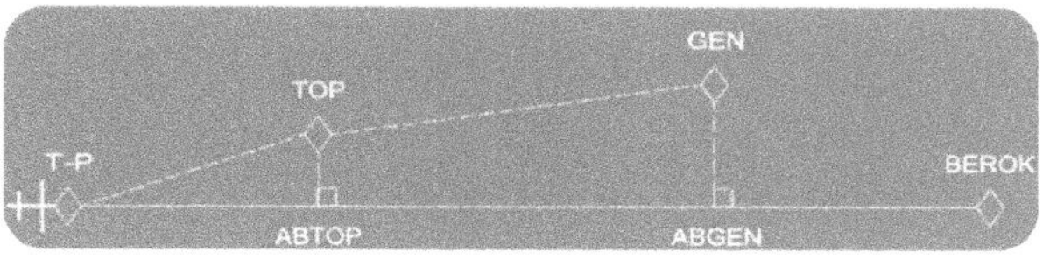

Esta información se representa con la palabra ABEAM para indicar que la aeronave está volando lateral a la referencia o punto indicado. Por ejemplo, cuando la aeronave se dirija en un vuelo directo hacia el nuevo. Seleccionado y esté volando o pasando lateral al punto GEN, la pantalla de la página F-PLN indicará ABEAM GEN o ABGEN.

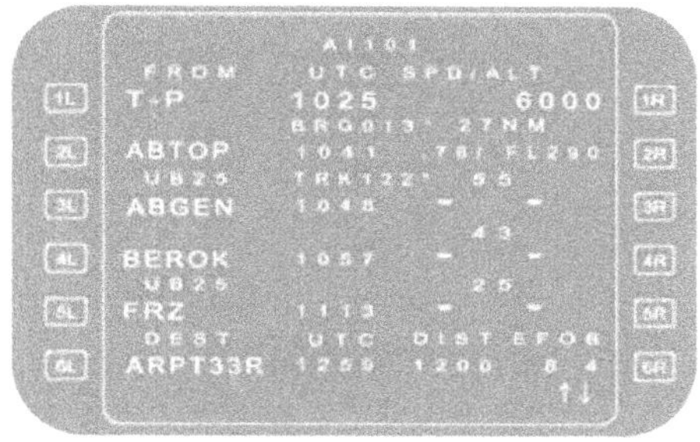

MCDU Página DATA INDEX

Existen dos páginas índices. La página DATA INDEX 1/2 Te da acceso a la verificación de los sistemas de navegación y el estado de la aeronave, y la página DATA INDEX 2/2 queda acceso a la base de datos del sistema donde se guardan todos los waypoints, radioayudas, pistas y rutas.

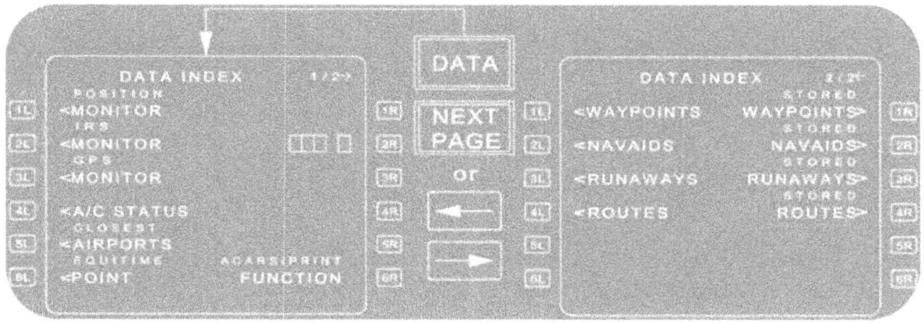

MONITOR: Al acceder a esta opción el Sistema muestra la información básica del Sistema de navegación.

STORED WAYPOINT: en este campo el Piloto puede verificar todos los puntos guardados en la base de datos del Sistema o bien, insertar nuevos puntos para agregarlos a la ruta planificada.

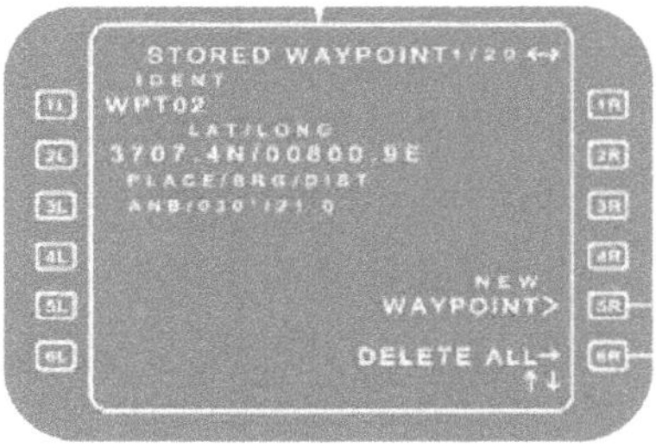

NEW WAYPOINT: cuándo el Piloto desea agregar un nuevo. A la base de datos, accede a la carga de la información desde el botón NEW WAYPOINT. Aquí se abrirá una nueva ventana donde se requiere identificar el nuevo punto con un nombre, agregando los datos de latitud y longitud, o bien, identificando esta posición por medio de radial y distante de una radioayuda.

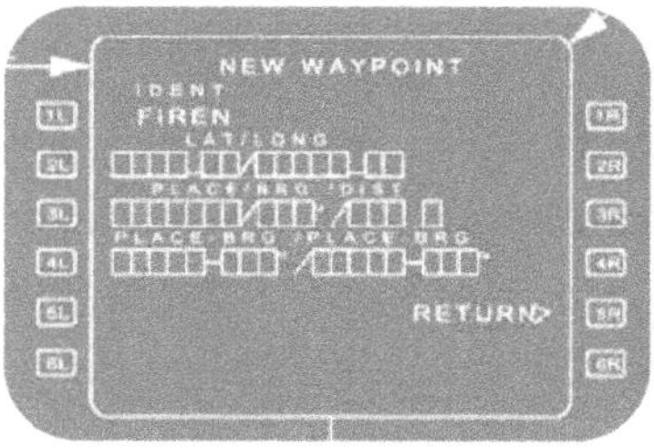

RUNWAY: Al igual que en la opción anterior, en esta sección el Piloto puede verificar la información cargada en la base de datos del sistema pero referente a una pista de un aeropuerto determinado. Al acceder a esta información se puede verificar las coordenadas geográficas de la pista, su longitud, sublimación y su curso magnético.

ROUTE: desde esta página el Piloto puede verificar las rutas cargadas en el Sistema con todos los puntos que intervienen en el trayecto desde el origen hasta el destino. En caso de no encontrar la ruta deseada, el Sistema ofrece la posibilidad de cargar una ruta nueva.

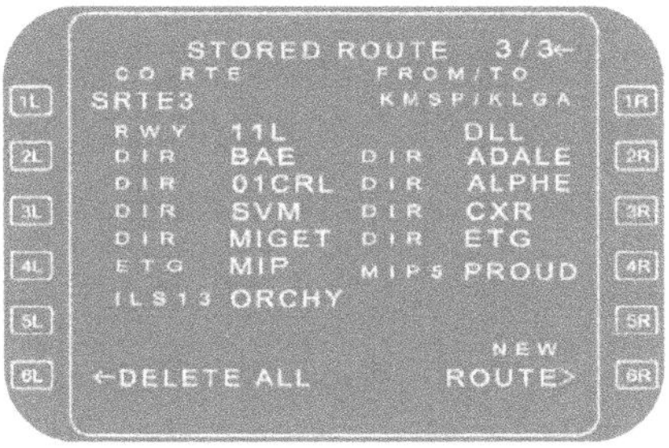

CLOSEST AIRPORT: Esta opción es una de las más utilizadas en las operaciones diarias. Se trata de acceder a la información de los aeropuertos más cercanos donde el Sistema Brinda el rumbo directo hacia cada uno de ellos, la distancia y la hora prevista a que la que se podría llegar en caso de volar hacia allá. Como una opción adicional ofrece la posibilidad de insertar cualquier aeropuerto que desee el piloto para conocer estas tres variables.

MCDU Página PERF

El plan de vuelo está dividido en las siguientes fases: TAKEOFF, CLIMB, CRUISE, DESCENT, APPROACH, GO-AROUND. Cada una de estas fases posee su propia página de performance donde se informan todos los datos sobre velocidades y predicciones. Para acceder a esta página el Piloto debe oprimir la tecla PERF del teclado de la MCDU. Esta página es una de las principales a tener en cuenta al momento del despegue y de la aproximación ya que se cargara información de vital importancia conocer las velocidades, actitudes, condiciones meteorológicas, posición de flaps, información de la aproximación y potencia de despegue.

Página PERF TAKEOFF: durante la fase previa al despegue, el piloto accede a la página PERF para cargar todos los datos de velocidad, flaps, potencia de despegue y altitudes restrictivas.

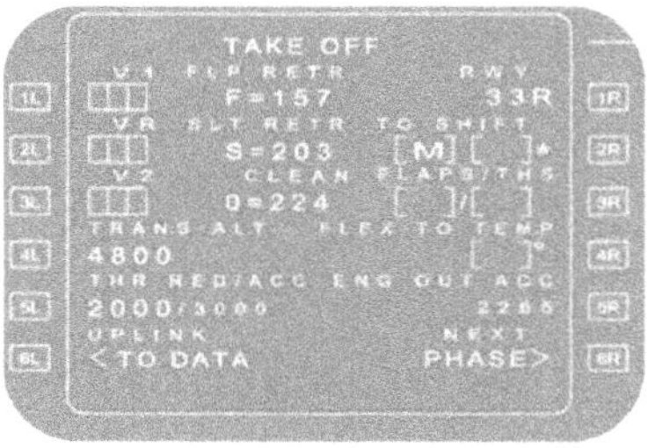

TRANS ALT: en este campo se ingresa el valor de la altitud de transición del aeropuerto de salida.

THR RED/ACC: en este campo se ingresan los valores de la altitud de reducción de potencia y la altitud de aceleración de la aeronave. Ambos valores separados con una barra (/).

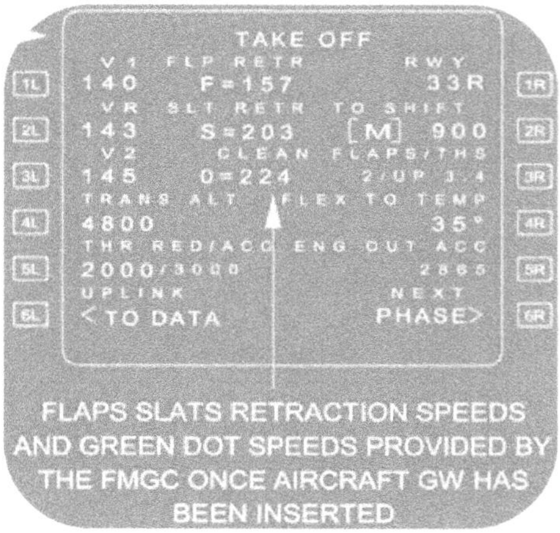

TO SHIFT: en este campo se ingresa el valor en metros o pies que se ha declarado como umbral de pista desplazado.

FLAPS/THS: en este campo se establece la configuración de flaps y la configuración del THS (trimmable horizontal stabilizer).

FLEX TO TEMP: la aeronave ofrece dos opciones de potencia de despegue. Una a potencia máxima y una a potencia moderada por temperatura. Aquí se establece el valor de esta segunda opción.

ENG OUT ACC: en algunos aeropuertos existe un procedimiento específico para despegues con falla de motor en las aeronaves. En este campo se establece la altitud de aceleración con un motor inoperativo.

Página PERF APPR: al igual que en la página anterior, en esta sección se carga toda la información relativa a la aproximación: QNH, viento, altitud de transición, MDA o DH y configuración de flaps.

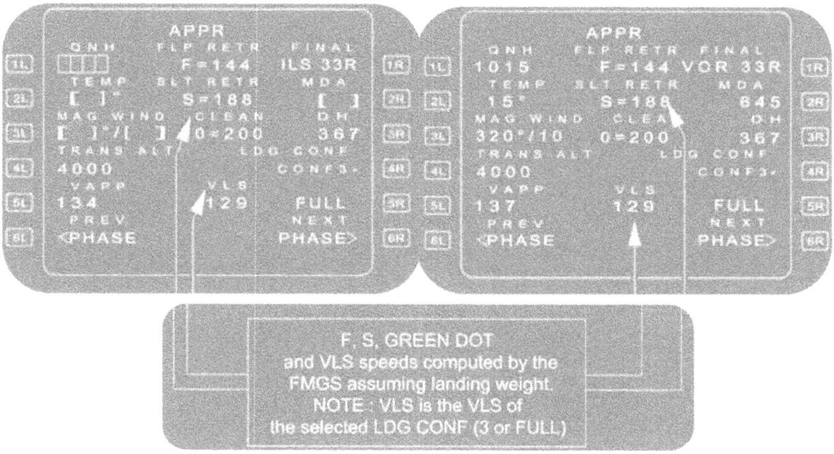

MAG WIND: en este campo se establece la dirección e intensidad del viento magnético.

TRANS ALT: en este campo se muestra la altitude de transición automática que detecta en la base de datos del Sistema. En caso de ser necesario, el piloto puede modificar este valor.

VAPP: el sistema FMGC computa el valor de la velocidad de aproximación en función a la componente de viento, pudiendo ser VAPP = VLS + 1/3 de la componente del viento de frente y limitando su valor desde VLS + 5 hasta VLS + 15 como máximo. El piloto podrá modificar esta velocidad en cualquier momento ingresando el valor que crea conveniente.

MDA/MDH: en este campo se ingresa la altitud o altura mínima de descenso establecida en la carta de aproximación instrumental que se desea utilizar.

DH: en este campo se ingresa la altura de decisión que especifica el procedimiento de ILS a volar. En caso de que sea un procedimiento ILS categoría III donde no existe la DH, se deberá ingresar la palabra "NO".

LDG CONF: en esta sección el Sistema ofrece dos opciones de configuración de flaps para el aterrizaje: flaps en configuración 3 y flaps en configuración full.

Página MCDU PROG

La página de PROG (progress) es una página multifunción que le permite al Piloto las siguientes:

- Seleccionar un nuevo nivel de vuelo.

- Verificar la precisión de la navegación del sistema FM.
- Actualizar la posición del FM.
- Monitorear el descenso.
- Establecer un punto de referencia con rumbo y distancia constante hacia el.

Existen diferentes páginas de PROG para casa fase de vuelo y en cada una se habilitan las opciones mencionadas.

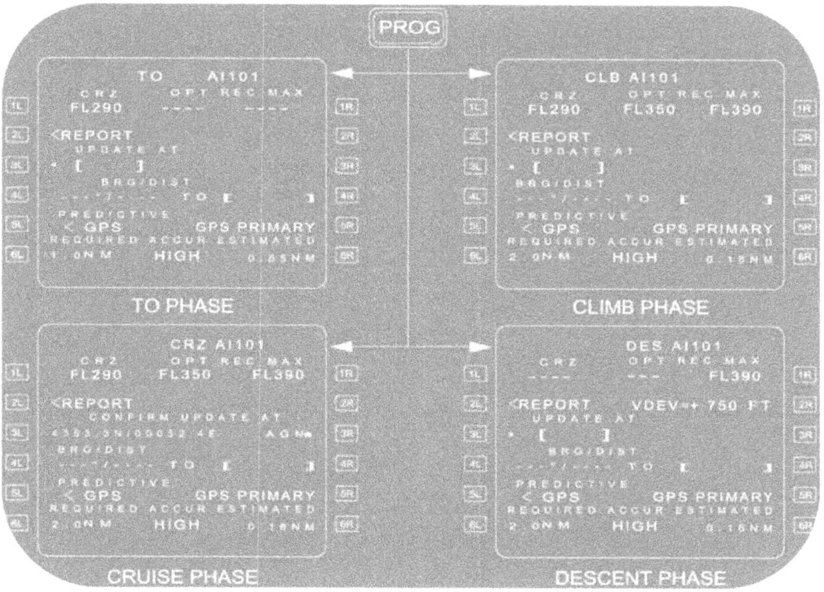

A continuación se detallan los ítems de la página de PROG en la fase de crucero:

CRZ: En este campo se identifica el nivel de vuelo seleccionado por el Piloto mediante la inserción del dato en la página INIT o desde el ingreso de este valor en la FCU (flight control unit).

OPT: este campo ofrece la información del nivel de vuelo óptimo en función a la información del viento, temperatura, performance de la aeronave y condiciones ambientales en general.

REC MAX: este campo informa el nivel de vuelo máximo donde la aeronave podría operar para no superar sus limitaciones de performance. Este valor está limitado en todos los casos a FL398.

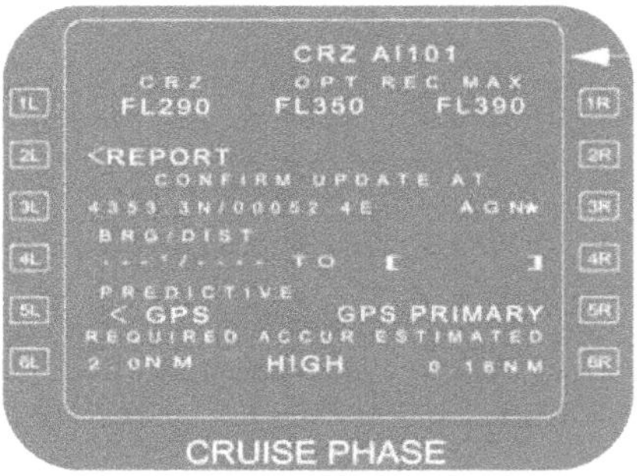

BRG/DIST: este campo resulta ser uno de los más utilizados de esta página. Brinda la posibilidad de establecer un punto determinado en la ruta o fuera de ella y obtener en todo momento la dirección y distancia hacia el mismo.

Página MCDU RAD NAV

Esta página habilita al Piloto a seleccionar y verificar las frecuencias de las radioayudas y de los cursos a volar en referencia a esta. Ofrece la posibilidad de insertar frecuencias para 2 VOR, 1 ILS y 2 ADF.

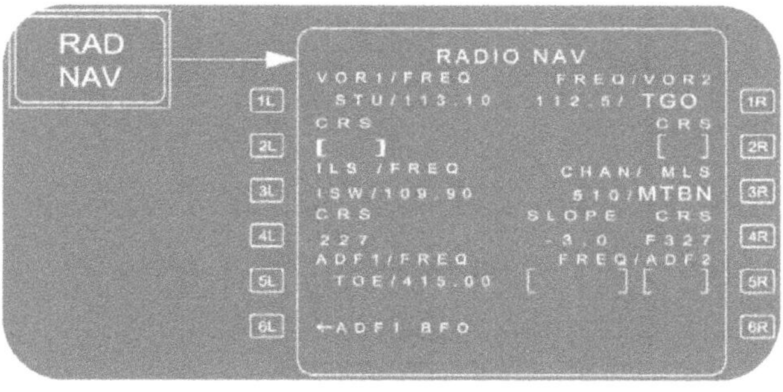

Página SECUNDARY Flight Plan:

Por ultimo, el sistema ofrece la posibilidad de planificar un plan de vuelo secundario como alternative al plan de vuelo active. Esta opción resulta muy útil en caso de qué suceda una emergencia imprevista en alguna fase del vuelo y no exista tiempo para planificar una nueva ruta. En este caso, solo bastará con activar el plan de vuelo secundario. Para acceder a esta opción el piloto debe oprimir la tecla SEC F-PLN desde el teclado de la MCDU. Al ingresar a esta nueva ventana, la página ofrece varias opciones:

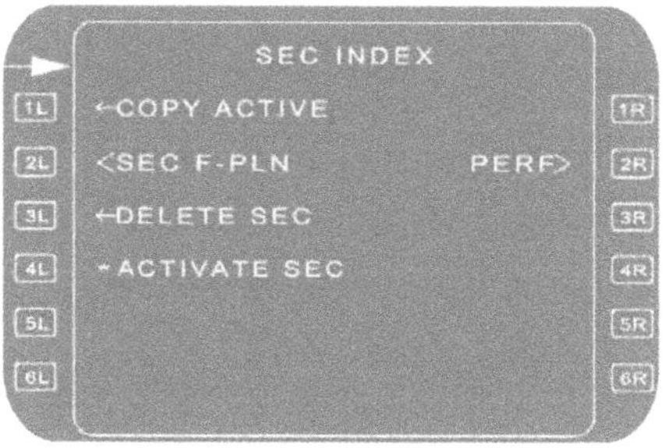

COPY ACTIVE: al acceder a esta opción el piloto solo copiará el plan de vuelo active sin ninguna variación o cambio.

SEC F-PLN: al acceder a esta opción el Piloto puede modificar todas las variables del plan de vuelo secundario de la misma forma que lo hizo con el plan de vuelo primario al inicio de la carga de datos.

INIT: en este campo se deberá ingresar todos los datos iniciales del nuevo plan de vuelo, por el momento secundario e inactive, de la misma forma en la que se ingresaron los datos iniciales en el plan de vuelo activo.

PERF: por ultimo, en esta sección se ingresarán los datos relativos a la performance del plan de vuelo secundario de la misma manera que en el plan de vuelo activo.

Operación MCDU en vuelo real

En esta sección se detalla el trabajo de la MCDU durante un vuelo real e involucrando a todas sus fases. Es de suma importancia que el piloto comprenda cómo operar este sistema en cada etapa del vuelo. Si el sistema es operado correctamente, el vuelo será exitoso. Por otra parte, si el piloto le da instrucciones erróneas al sistema, la aeronave seguirá las instrucciones equivocadas generando complicaciones para el vuelo. El vuelo tiene lugar en España, desde la ciudad de Málaga (LEMG) hasta la ciudad de Valencia (LEVC). El avión es un A320 y la cartografía es la siguiente:

Flight Plan:
LEMG SID: VIBAS 1A
AIRWAY: UM985
LEVC STAR: ASTRO 1B
LEVC APPROACH: ILS RWY30

El piloto al mando debe llevar a cabo todos los procedimientos con la MCDU insertando todos los datos de vuelo y la información relativa a cada fase del mismo. Luego de esto, el vuelo seguirá de forma automática hasta alcanzar el punto de descenso donde se requerirá nuevamente una preparación completa en la MCDU para cargar toda la cartografía de aproximación y los datos relativos a la performance de la aeronave para esta ultima fase del vuelo. Para este vuelo es necesario cargar la cartografía de Málaga y Valencia en el sistema. A continuación se detallan las cartas a considerar:

Apt Elev	
52	Trans alt: 6000 EXPECT close-in obstacles.

VIBAS 2C [VIBA2C]
VIBAS 1A [VIBA1A]
RWY 13 DEPARTURES

SPEED: UNDER RADAR CONTROL
MAX 250 KT AT OR BELOW FL120

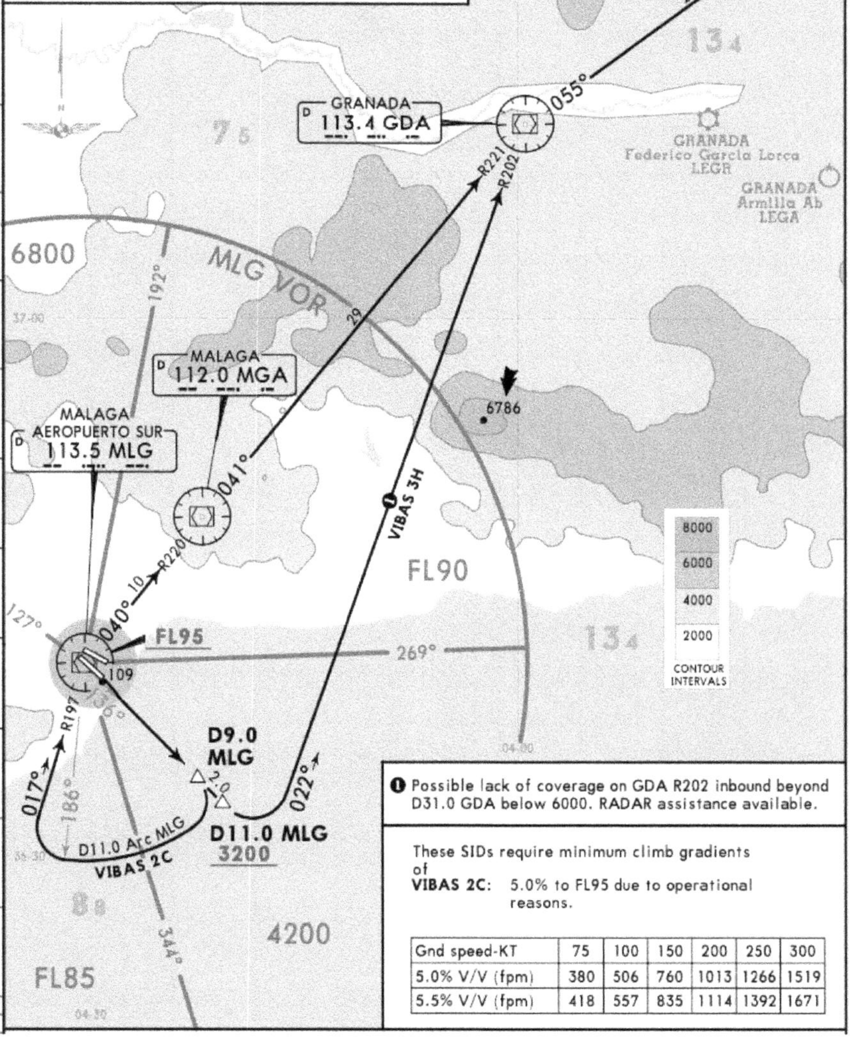

❶ Possible lack of coverage on GDA R202 inbound beyond D31.0 GDA below 6000. RADAR assistance available.

These SIDs require minimum climb gradients of
VIBAS 2C: 5.0% to FL95 due to operational reasons.

Gnd speed-KT	75	100	150	200	250	300
5.0% V/V (fpm)	380	506	760	1013	1266	1519
5.5% V/V (fpm)	418	557	835	1114	1392	1671

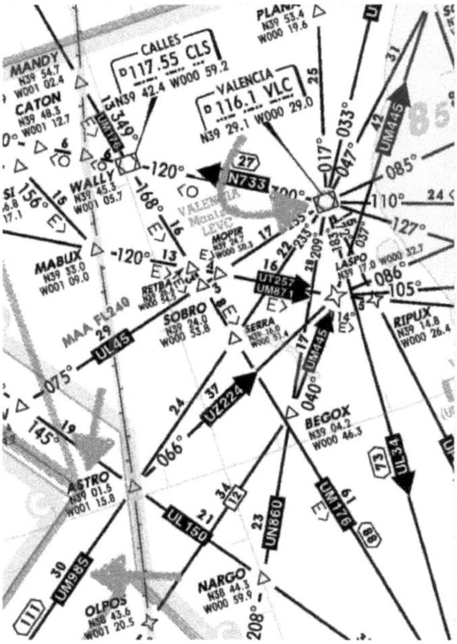

PLANA
N39 53.4
W000 19.6
MANDY
N39 54.7
W001 02.4
CALLES
D 117.55 CLS
N39 42.4 W000 59.2
VALENCIA
D 116.1 VLC
N39 29.1 W000 29.0
CATON
N39 48.3
W001 12.7
WALLY
N39 45.3
W001 05.7
MABUX
N39 33.0
W001 09.0
MOPIR
RETBA
SOBRO
N39 24.0
W000 53.8
SERRA
LASPO
RIPUX
N39 14.8
W000 26.4
BEGOX
N39 04.2
W000 46.3
ASTRO
N39 01.5
W001 15.8
NARGO
N38 44.3
W000 59.9
OLPOS
N38 43.6
W001 20.5
MAA FL240
N733
UT257
UM871
UL45
UZ224
UM445
UM176
UL150
UN860
UL34
UM985

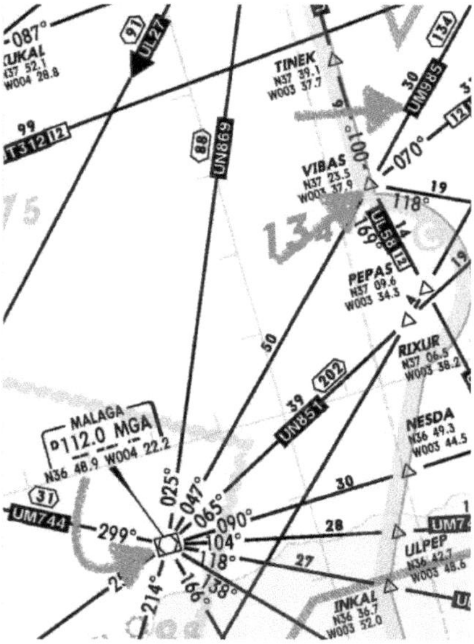

KUKAL
TINEK
N37 39.1
W003 37.7
VIBAS
PEPAS
N37 09.6
W003 34.3
RIXUR
N37 06.5
W003 38.2
NESDA
N36 49.3
W003 44.5
MALAGA
D 112.0 MGA
N36 48.9 W004 22.2
ULPEP
INKAL
N36 36.7
W003 52.0
UL27
UN869
UM985
UN851
UM744

LEVC/VLC
MANISES

JEPPESEN
10-2H

VALENCIA, SPAIN

ATIS	Apt Elev	
121.075	240	Alt Set: hPa Trans level: By ATC

ASTRO 1C [ASTR1C]
MABUX 2Y [MABU2Y]

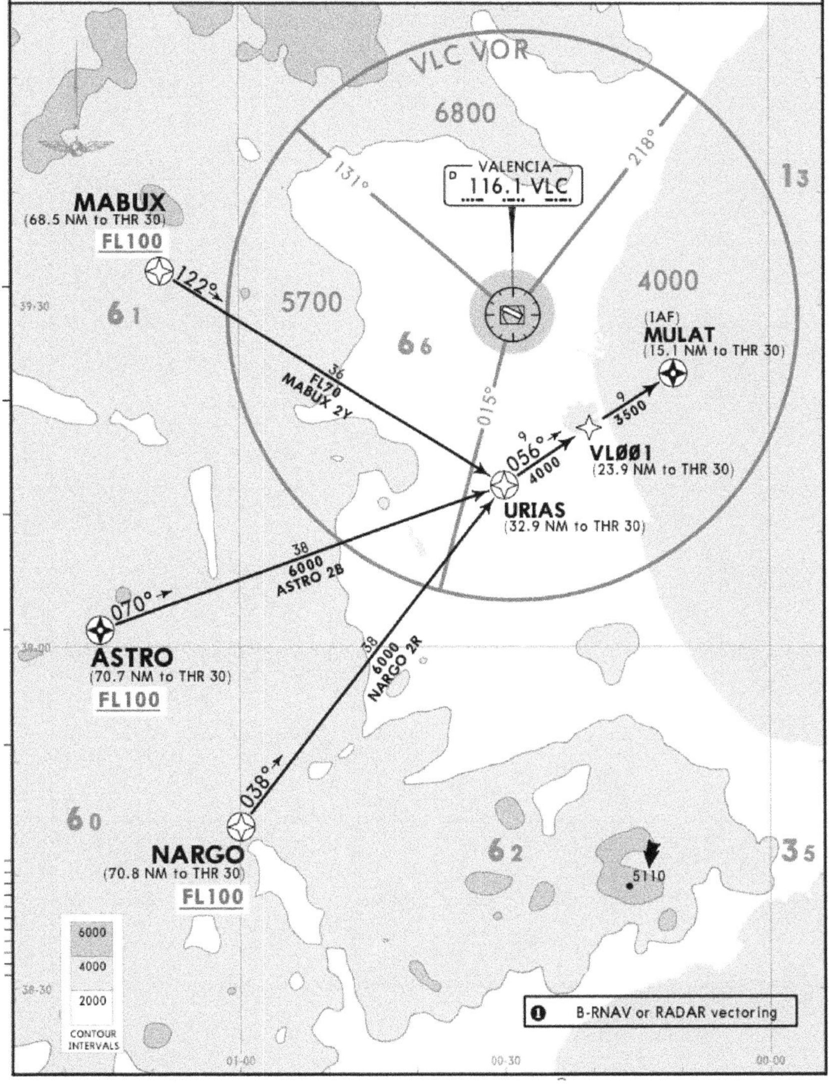

LEVC/VLC
MANISES

JEPPESEN
11-5

VALENCIA, SPAIN
ILS Rwy 30

D-ATIS	VALENCIA Approach	VALENCIA Tower	Ground
121.075	124.750 120.1	118.550	121.875

BRIEFING STRIP™

LOC IVC	Final Apch Crs	D6.1 IVC	ILS DA(H)	Apt Elev 240'
110.1	296°	2200'(2025')	Refer to Minimums	Rwy 175'

MISSED APCH: Climb on rwy heading to D4.5 VLC, then turn RIGHT (MAX 230 KT) direct to SGO NDB climbing to 4000' and hold.

Alt Set: hPa | Rwy Elev: 6 hPa | Trans level: By ATC | Trans alt: 6000'

MSA PND NDB: 5500 (205°–052°), 2500 (336°–205°), 4400 (052°–336°)

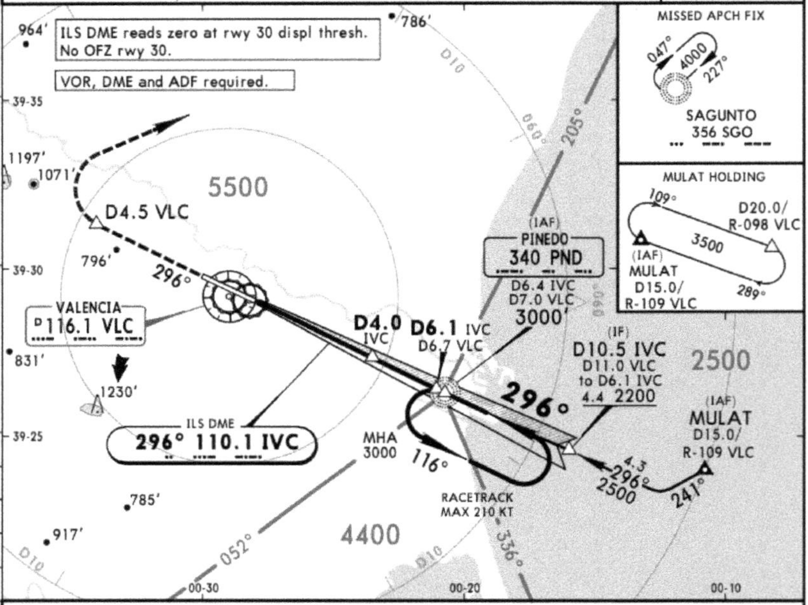

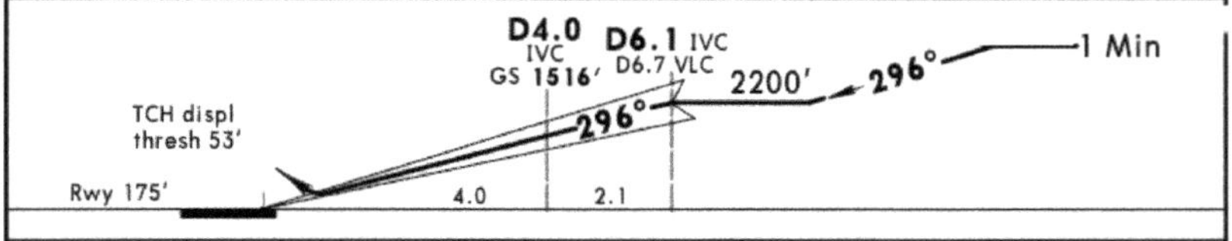

Gnd speed-Kts		120	140	160	180
GS	3.00°	637	743	849	956

HIALS
REIL
PAPI

D4.5 VLC

Standard

	STRAIGHT-IN LANDING RWY 30 DA(H) C: 440'(265') D: 451'(276')		CIRCLE-TO-LAND Max Kts	MDA(H)	VIS
	FULL	ALS out			
C	RVR 600m 1	RVR 1300m	180	1280'(1040')	2400m
D			205	1630'(1390')	3600m

ANS OPS

MCDU. Preparación

Este es el primer vuelo del día. La aeronave esta completamente apagada. Cuando el piloto llega a la cabina, enciende los sistemas. La MCDU esta apagada y para encender el equipo debe girar la perilla BRT ubicada en el borde derecho del equipo, tal como se muestra en la figura siguiente:

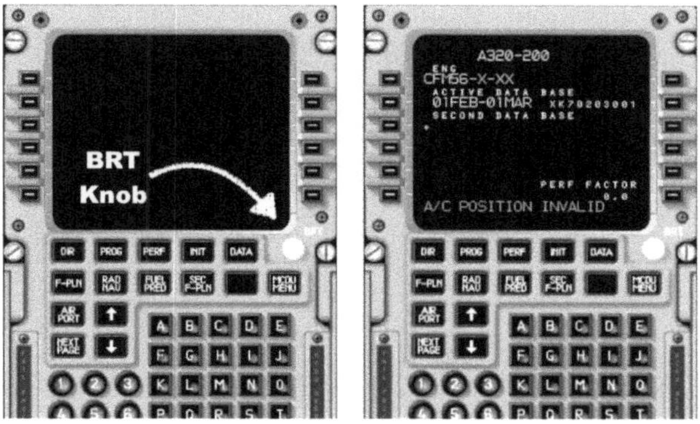

El resto de los sistemas están encendidos pero en modo standby hasta que el piloto inserte la información correspondiente. El PFD (primary flight display) no muestra información. El ND (navigation display) muestra el mensaje MAP NOT AVAIL y el FCU (flight control unit) esta listo configurar la información necesaria.

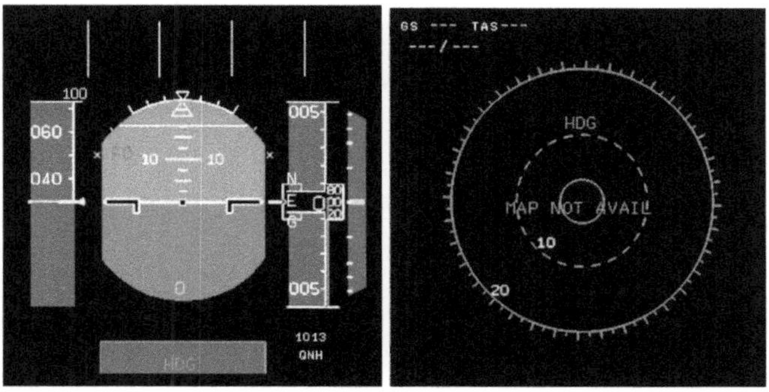

El próximo paso es inicializar el sistema desde la pagina INIT. Aquí el piloto debe ingresar la información sobre el plan de vuelo, origen y destino, nivel de vuelo, vientos, temperatura, cost index y numero de vuelo. Para esto, el piloto utiliza el teclado alfanumérico, escribe cada dato e inserta la información en el campo correspondiente.

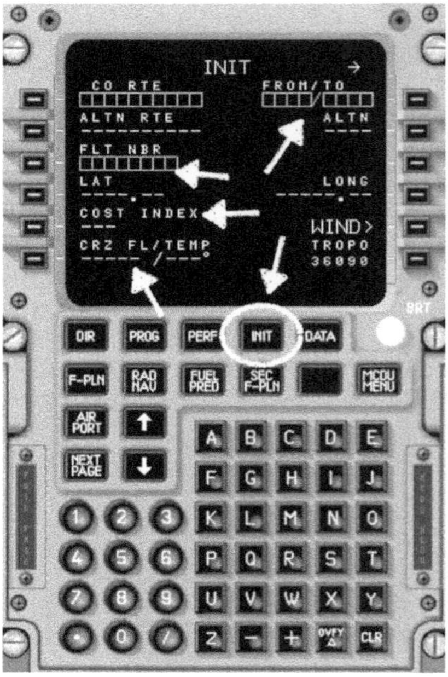

En este ejemplo, el piloto debe ingresar LEMG/LEVC en el campo FROM/TO. Cada palabra que el piloto escribe, aparece en la parte inferior de la pantalla pero aún no está activa en la sección correspondiente. Esto le da a posibilidad a borrar lo escrito en caso de error.

Para borrar cualquier letra bastará con oprimir la tecla CLR tantas veces sea necesario.

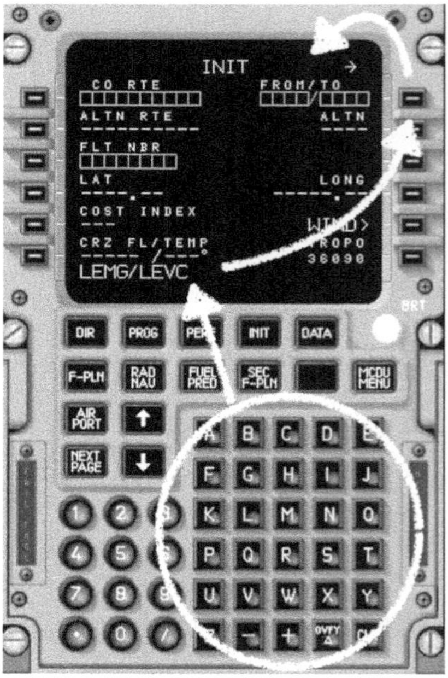

Luego de insertar los datos del vuelo, aparece el mensaje ALING IRS. Activar este sistema es indispensable para posicionar a la aeronave geográficamente en el aeropuerto. Cuando el sistema IRS esta inicializado, las pantallas del PFD y ND muestran su información. En la unidad de control del vuelo o FCU (flight control unit) se observa el nivel de vuelo seleccionado y se representa en el PFD. El ND muestra el código del aeropuerto de destino junto a la distancia hacia este.

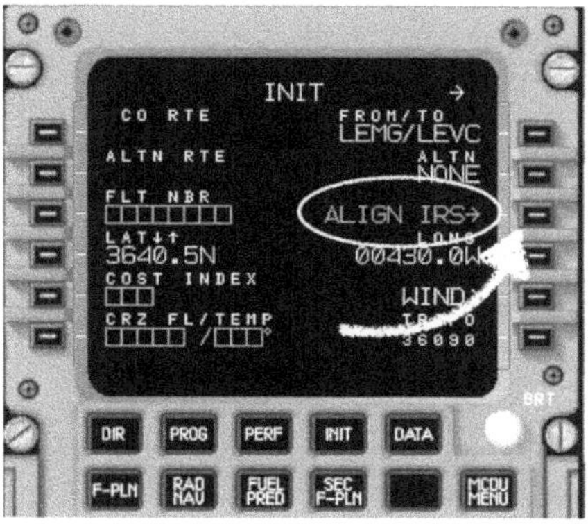

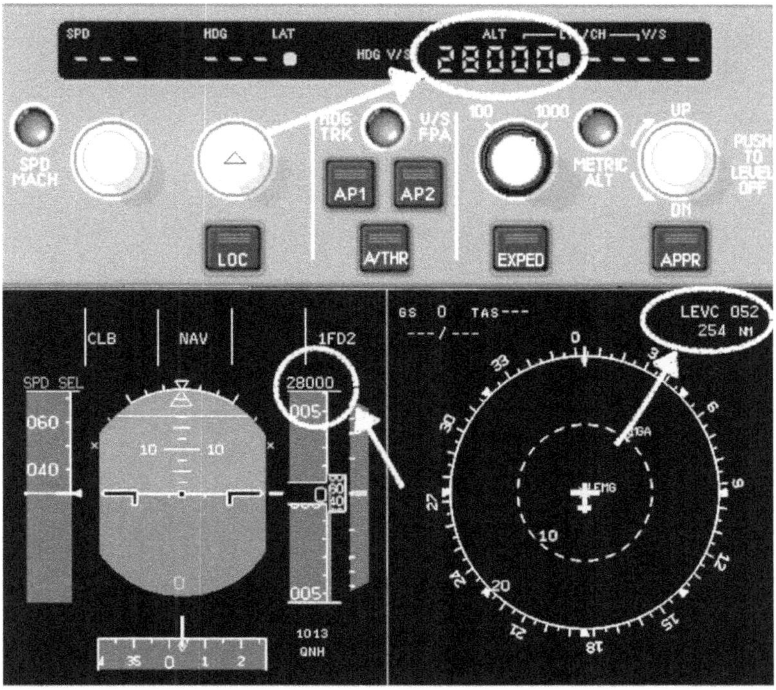

Cuando la página de INIT esta completa, el piloto debe chequear toda la información antes de continuar a la siguiente página. En caso de encontrar algún dato erróneo, solo será necesario volver a escribir la información e insertarla nuevamente para reemplazar a la anterior.

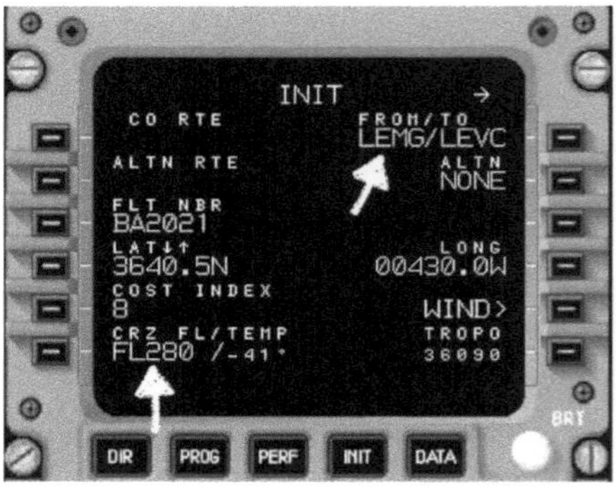

La próxima página es INIT B. Aquí el piloto debe configurar la información relativa al peso, centro de gravedad y cantidades de combustible. Para acceder a esta página desde la principal INIT A, solo bastará con oprimir la tecla NEXT PAGE. Cuando la información esta cargada, la página muestra dos valores importantes, el TOW y el LW, en este ejemplo TOW:73.3 y LW:54.4 (valores solo a modo de ejemplo)

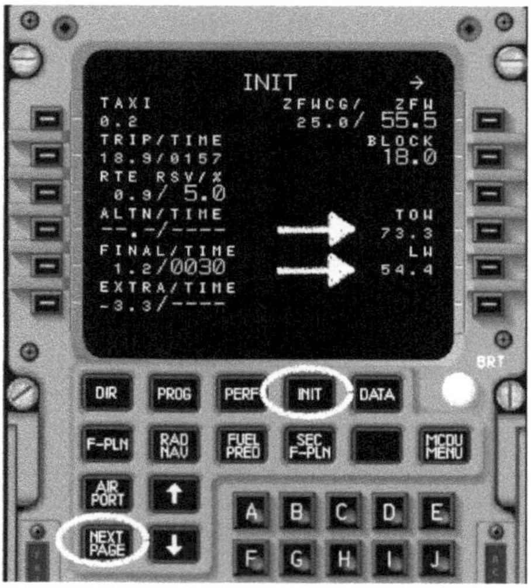

El sistema está listo. La próxima sección a trabajar será la de navegación desde la página F-PLN. Esta página muestra todos los puntos de la navegación, desde el aeropuerto de origen hasta el aeropuerto de destino pasando por cada punto intermedio entre ellos. El piloto solo necesita insertar la SID (standard instrumental departure), la STAR (standard arrival) y la carta del procedimiento de aproximación a la pista en uso en el destino. En este ejemplo aparece el mensaje F-PLN DISCONTINUITY debido a que la carta SID no ha sido cargada aun. Para insertar una SID, se debe oprimir la Tecla L1 y aparecerá la siguiente página llamada LATERAL REVISION.

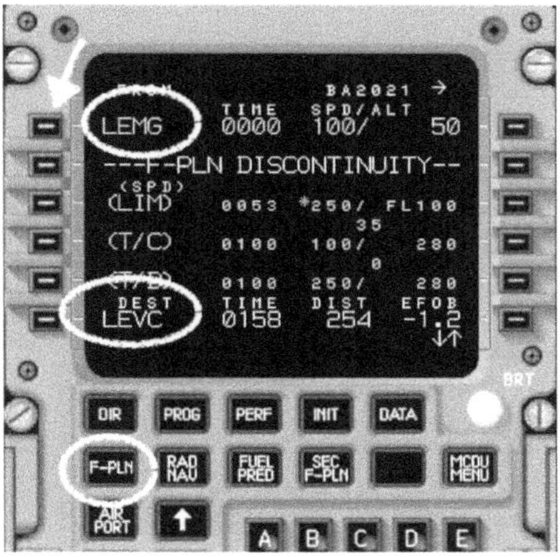

En esta nueva página aparece el título LAT REV from LEMG para confirmar el aeropuerto correcto. La tecla L1 sobre el lado izquierdo muestra la opción DEPARTURE habilitando la posibilidad de elegir la pista en uso y su respectiva SID.

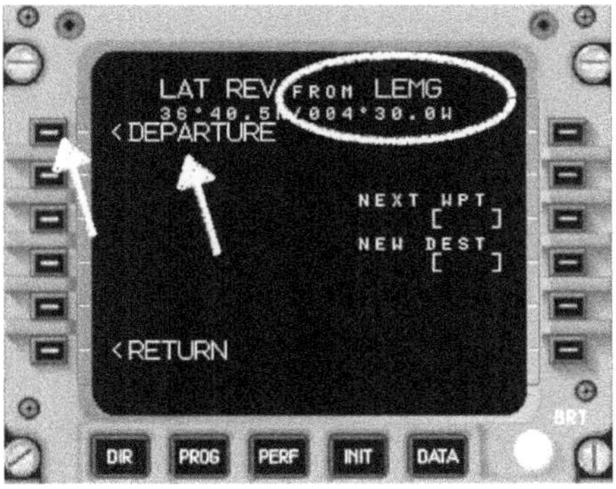

Al acceder a la página DEPARTURE, aparecen todas las pistas disponibles (RWY13 y RWY31). Al lado de cada pista se indica la longitud de la misma y por debajo, la información del ILS en caso de que exista.

En este ejemplo, la pista en uso es la 13 y la SID es VIBAS 1A. El piloto deben seleccionar esta opción e insertarla en el sistema. Antes de hacerlo, el "track" de la SID se muestra en el ND con una línea punteada en color ámbar.

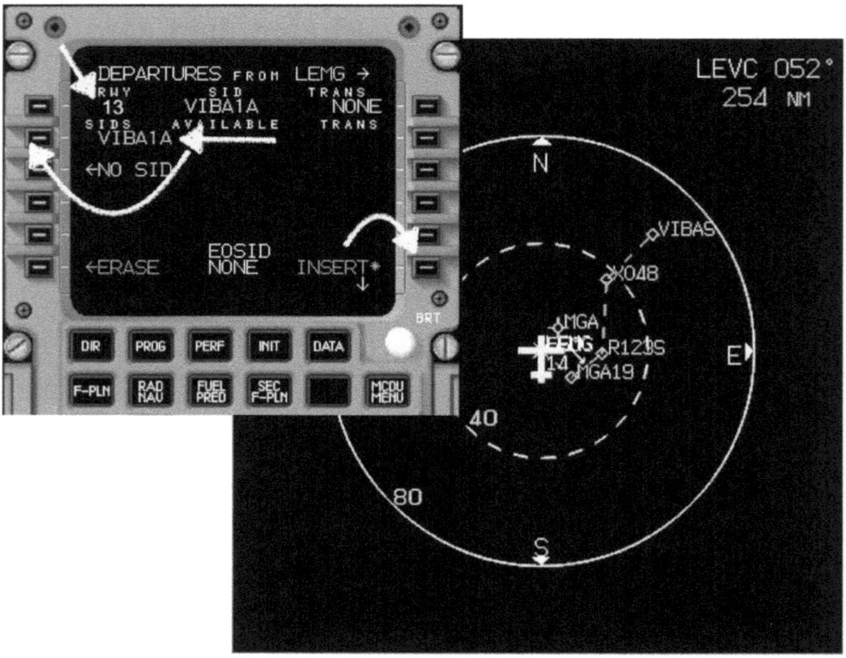

Luego de insertar la SID, el "track" pasará a mostrarse con una línea continua de color verde. El mensaje F-PLAN DISCONTINUITY que se mostraba al inicio en la página F-PLN ha desaparecido.

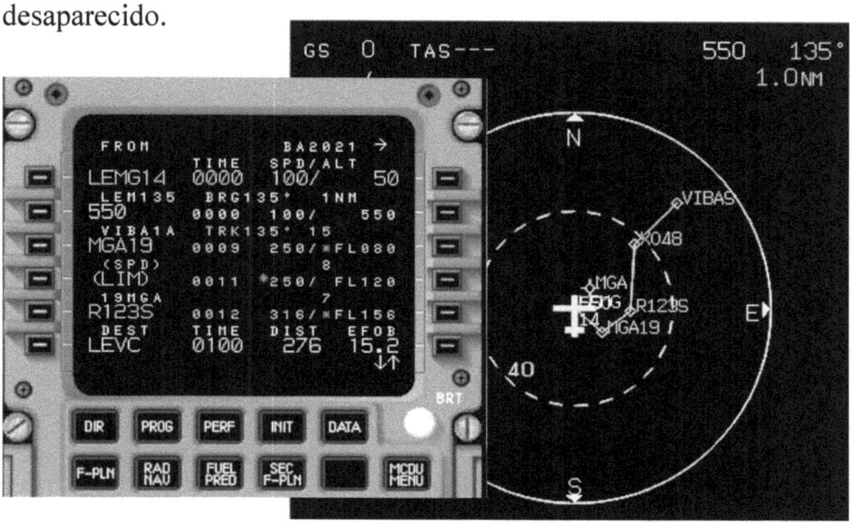

Una vez que la información de partida esta cargada con la pista en uso y la SID correspondiente, es momento de cargar la información del destino. Para esto es necesario oprimir la tecla inferior izquierda donde indica el destino LEVC (código OACI). Luego de activar esta opción, aparecerá una nueva ventana de revisión lateral o LAT REV, de la misma manera que en el paso anterior. En este caso, el piloto no solo podrá seleccionar la carta de aproximación sino también la carta STAR en caso de que exista una.

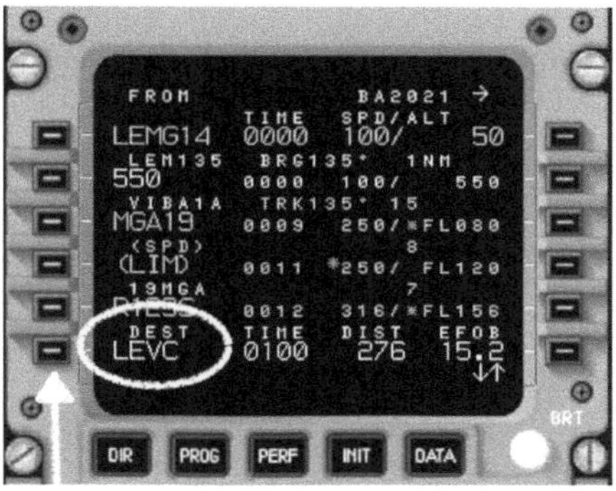

En la nueva ventana de LAT REV aparece la opción de ARRIVAL que dará acceso a poder seleccionar el procedimiento en uso y su cartografía. En la parte superior el código del aeropuerto para confirmar el lugar correcto (LEVC).

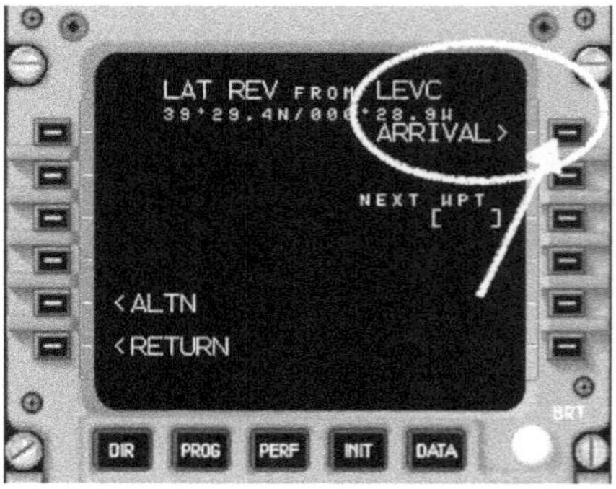

La página siguiente muestra todas las opciones disponibles para las pistas del aeropuerto. En este ejemplo, el piloto seleccionará un procedimiento ILS para la pista 30. Esta opción es la que se indica como ILS30.

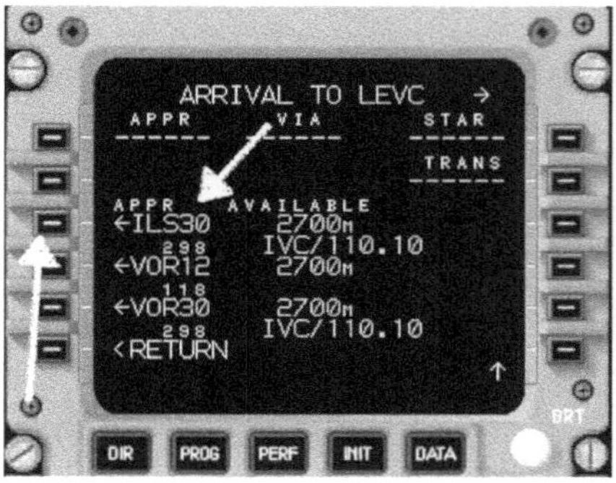

Luego de seleccionar la pista deseada, aparecen las opciones de las cartas STAR. En este caso la opción correcta será la STAR ASTRIC1. Antes de inserta esta opción, el piloto verifica el track correcto en el ND donde se muestra con una línea punteada la selección.

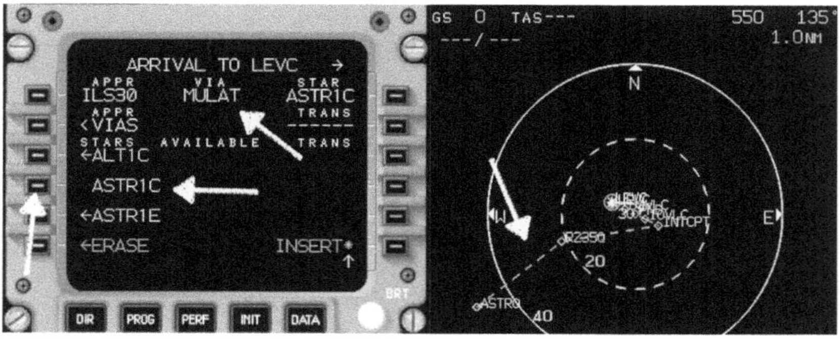

Luego de insertar los procedimientos, el ND mostrará el recorrido de los mismos con una línea continua verde.

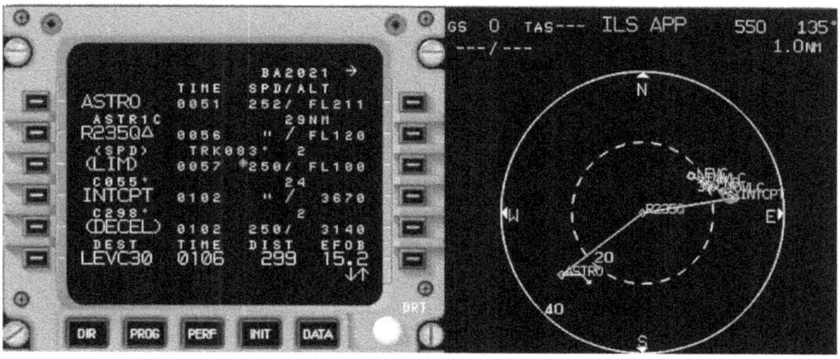

Una vez que la página de F-PLN esta completa, la próxima página será la de RAD NAV. Aquí el piloto debe configurar todas las radioayudas basadas en la SID a volar. En este caso VIBAS 1A. Esta página ofrece la posibilidad de configurar dos equipos VOR, un ILS y dos NDB. En este ejemplo, el piloto selecciona el VOR GDA con sus respectivos cursos y el ILS en caso de un retorno inmediato.

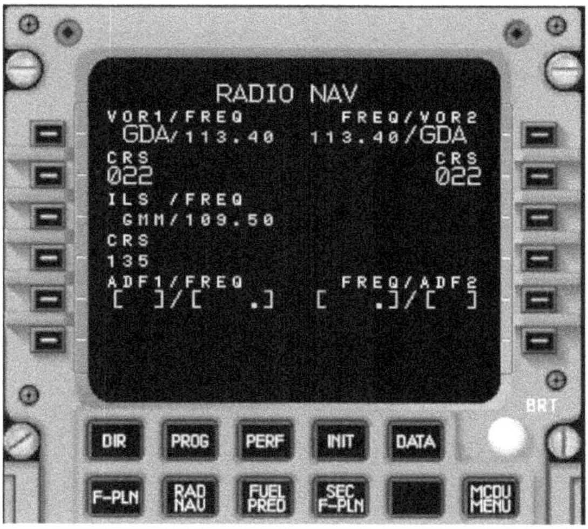

La próxima es una página informativa. En la página PROG (progess), el piloto puede chequear el nivel de vuelo óptimo y máximo. Adicionalmente, la tripulación puede seleccionar cualquier punto o radio ayudas para obtener el rumbo y distancia hacia esta referencia en cualquier momento del vuelo. En este ejemplo, el nivel de vuelo óptimo es FL290 y el nivel de vuelo máximo es FL362. Adicionalmente, el piloto ha seleccionado el VOR MGA como referencia permanente.

La próxima página es una de las más importantes a considerar. En la página de PERF (performance), el piloto debe establecer las velocidades, altitudes, configuración de flaps y potencia de despegue, entre otros valores.

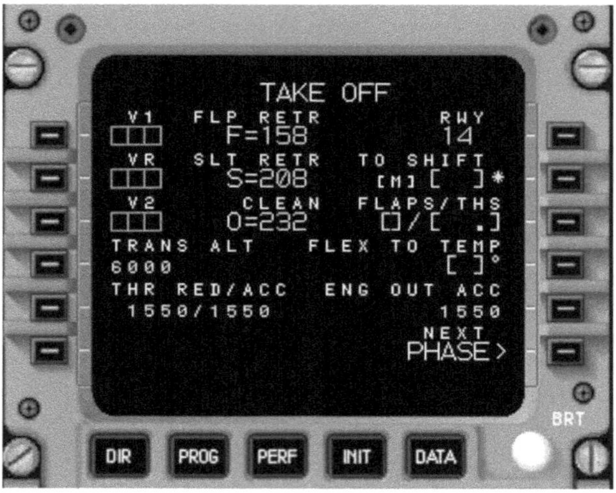

En este ejemplo, el piloto ha seleccionado: V1:124kt, VR:130kt, V2:135kt), configuración de flaps 3 y una potencia de despegue con un valor de 65°.

Finalmente, existe una opción adicional para poder configurar un plan de vuelo secundario pero en modo inactivo. Esta opción resulta muy útil para el caso en el que el vuelo presente una emergencia y necesite retornar inmediatamente a la pista cambiando por completo el plan de vuelo original. En la página SEC F-PLN, el sistema ofrece tres opciones, copiar el plan de vuelo activo, crear un nuevo plan de vuelo y volver a configurar la página de INIT para este nuevo plan. En ese caso, el piloto decide preparar un retorno al aeropuerto de origen en el plan de vuelo secundario y llegado el caso que lo necesite, solo deberá activarlo y seguir con la nueva navegación.

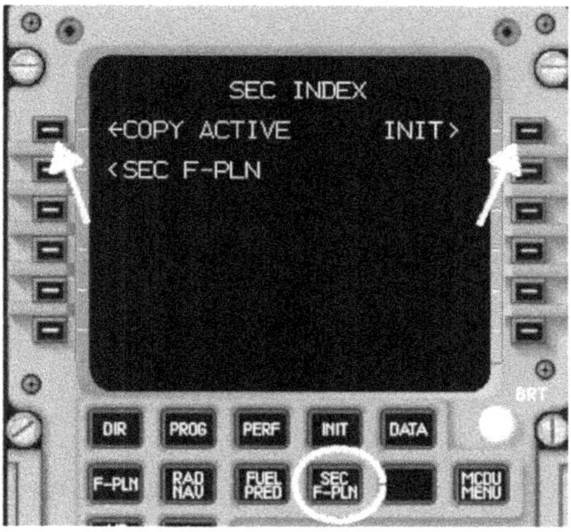

Para ello, el piloto debe copiar el plan de vuelo principal y luego desde la página F-PLN, cambiar el destino oprimiendo la tecla lateral luego de VIBAS. Aquí aparecerá una nueva ventana que incluye la opción de agregar un nuevo destino NEW DEST donde el piloto deberá ingresar LEMG. Esta acción cambiará el aeropuerto de destino y estará disponible para configurar una nueva carta de aproximación.

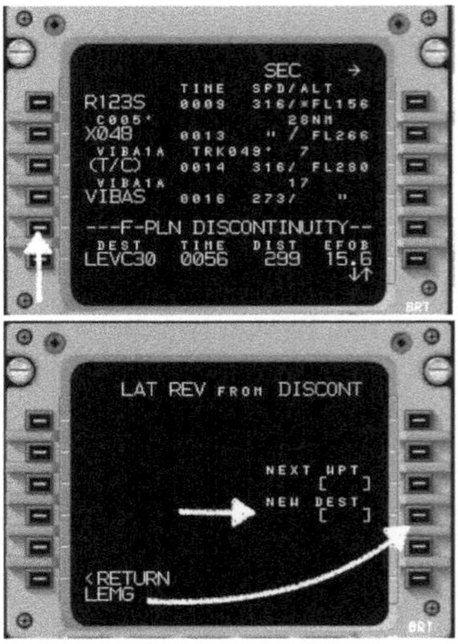

Una vez que el destino ha cambiado, oprime la tecla lateral del destino y luego, en el lado derecho la tecla lateral de ARRIVAL para seleccionar. En este caso, ILS pista 13 vía BAMAR desde VIBAS.

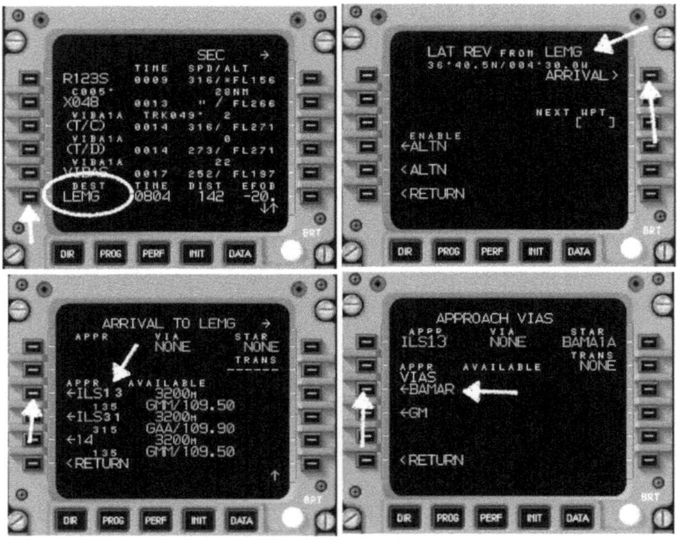

Luego de insertar el nuevo procedimiento, el ND muestra la nueva trayectoria del plan de vuelo secundario pero en color blanco a fin de diferenciarlo del plan de vuelo activo.

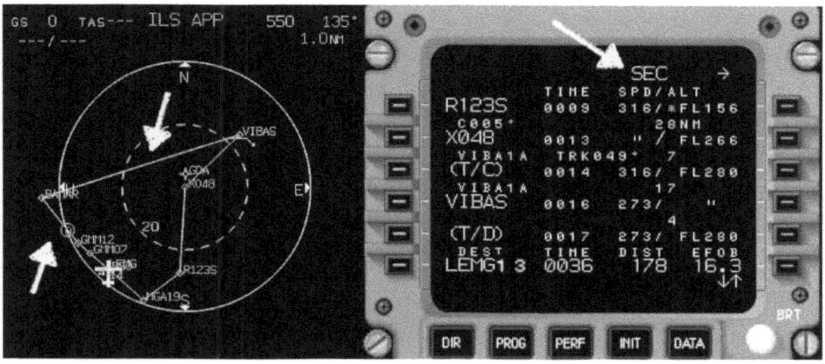

Finalmente, el plan de vuelo secundario permanecerá inactivo hasta que el piloto decida activarlo en caso de ser necesario.

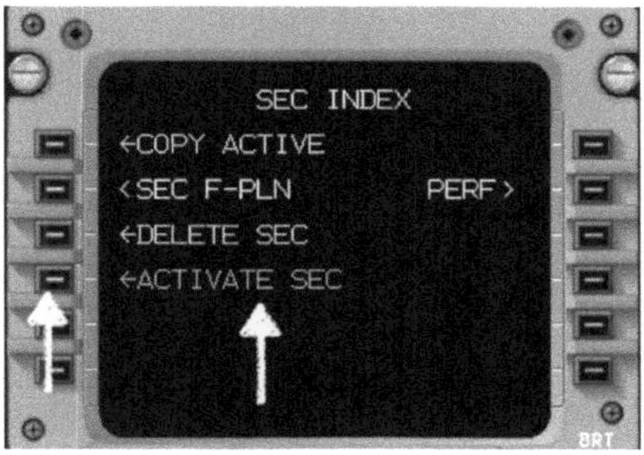

Cuando el Sistema está listo y toda la información de despegue está cargada, el PFD y el ND indican la información activa del momento (velocidad, altitud y actitud). El ND muestra la trayectoria de la SID a volar junto con los próximos puntos a interceptar.

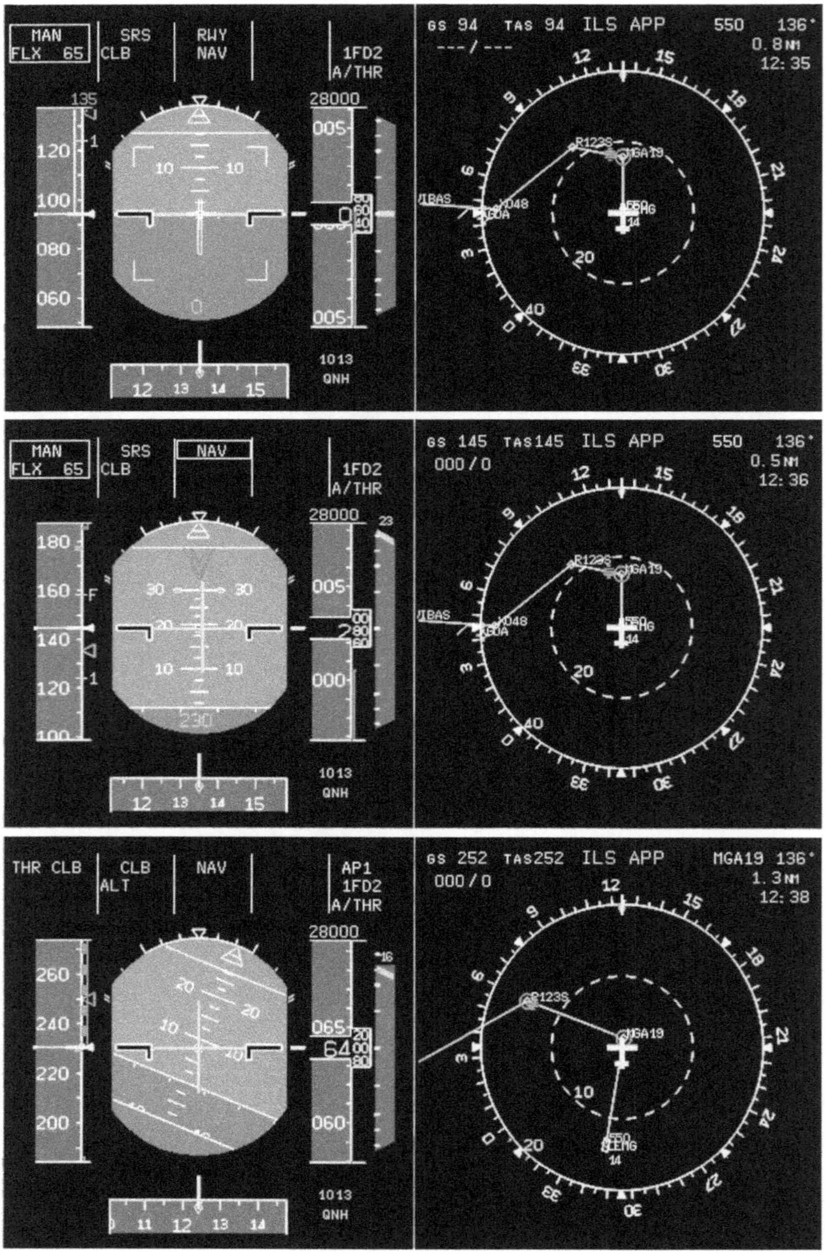
MAN FLX 65
SRS CLB
RWY NAV
1FD2 A/THR
28000
1013 QNH
GS 94 TAS 94 ILS APP 550 136°
---/---
0.8 NM
12:35
R123S
MGA19
MAN FLX 65
SRS CLB
NAV
1FD2 A/THR
28000
1013 QNH
GS 145 TAS145 ILS APP 550 136°
000/0
0.5 NM
12:36
R123S
MGA19
THR CLB
CLB ALT
NAV
AP1 1FD2 A/THR
28000
1013 QNH
GS 252 TAS252 ILS APP MGA19 136°
000/0
1.3 NM
12:38
R123S
MGA19

Cuándo el piloto cambia el modo de vista del ND, desde ROSE NAV a ARC NAV, la pantalla ofrece una mejor representación de la ruta de vuelo a seguir según la SID.

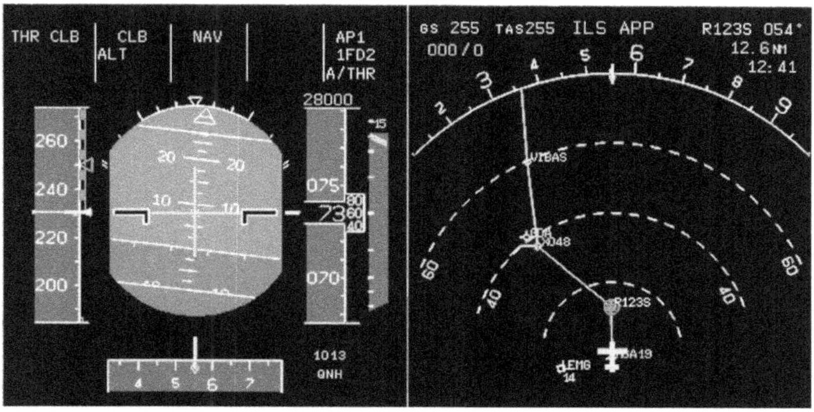

Durante un vuelo normal, la aeronave volará la ruta de la carta de salida tal cual fue planificado en el plan de vuelo. En este ejemplo, el controlador de tránsito aéreo solicita volar directo a la posición VIBAS, omitiendo el procedimiento SID.

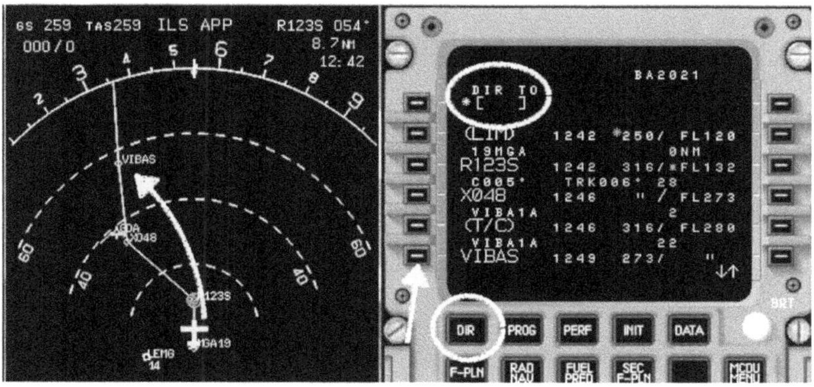

Para llevar a cabo este procedimiento, el piloto debe cambiar la navegación previamente cargada en el sistema y guiar a la aeronave en un vuelo directo hacia VIBAS. Para lograr esto, el piloto oprime la tecla DIR y luego selecciona el punto de la ruta hacia cual se quiere dirigir en línea recta. Al realizar esta acción, el ND mostrará una nueva ruta hacia VIBAS sin todo el recorrido de la SID.

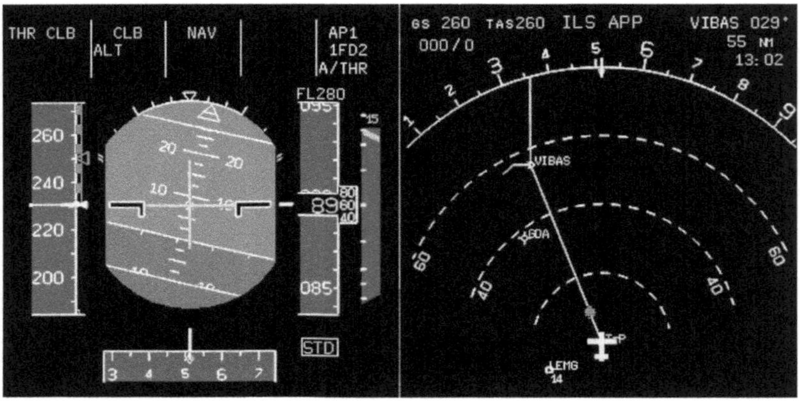

Una vez que la aeronave ya se encuentra en vuelo directo hacia VIBAS, el ND muestra un símbolo representado por una flecha azul que indica el tope de ascenso o TOC (top of climb). En este punto, el sistema considera que la aeronave alcanzaría su nivel de crucero final. En la MCDU también se representa esta información pero con las letras (T/C) y la distancia hasta allí. Al alcanzar este punto, la aeronave cambiará de fase de ascenso a fase de crucero.

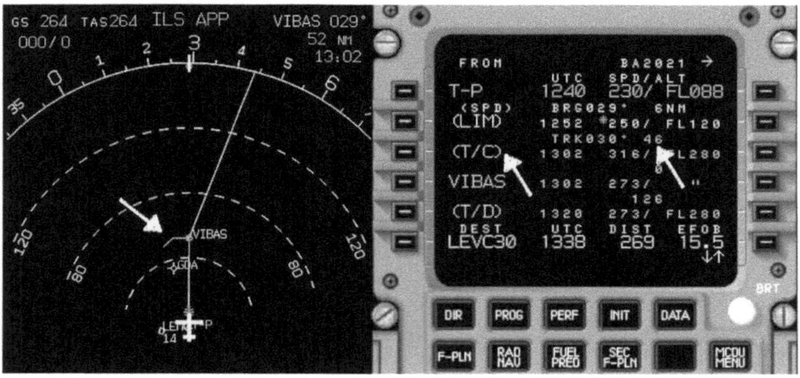

Luego de pasar VIBAS, la navegación continuará por muchas millas mas hasta el próximo punto. En este caso, vamos a asumir que la aeronave esta cerca del destino a 91 NM de la posición ASTRO, el próximo punto de la aproximación. En la MCDU aparece el mensaje ENTER DEST DATA informando que es necesario ingresar toda la información del destino al sistema a fin de que este pueda realizar todos los cálculos y predicciones correspondientes para el descenso.

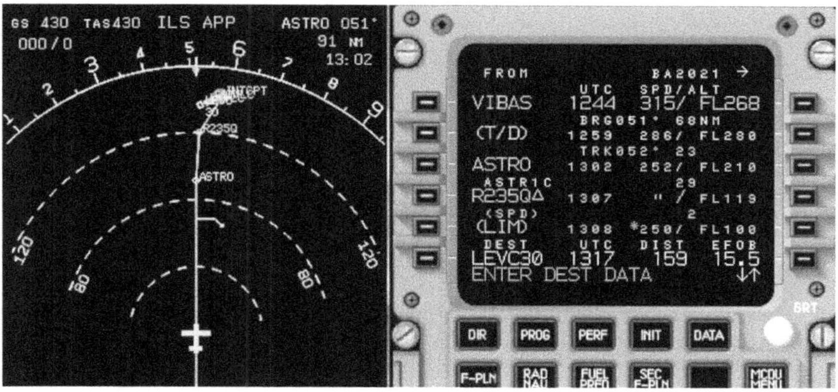

Aquí el Piloto debe cargar nuevamente la información en algunas páginas anteriormente utilizadas. Comenzando por la página de RAD NAV, el Piloto selecciona la frecuencia del VOR VLC y del ILS IVC con sus respectivos cursos.

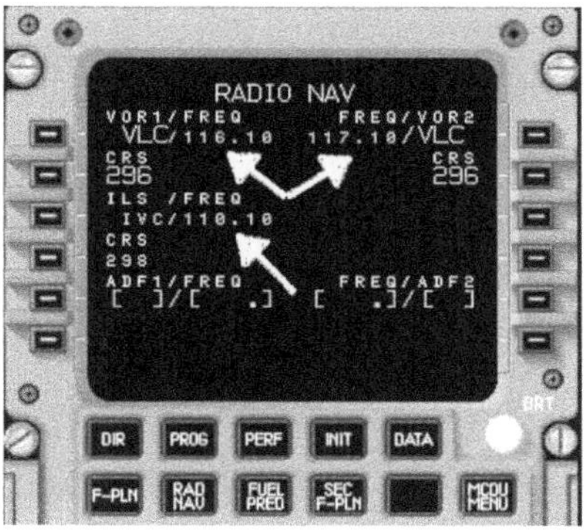

En la página de PROG, el Piloto inserta un punto de referencia constante para tener, en todo momento, rumbo y distancia hacia esta referencia. En este caso ha seleccionado el VOR VLC.

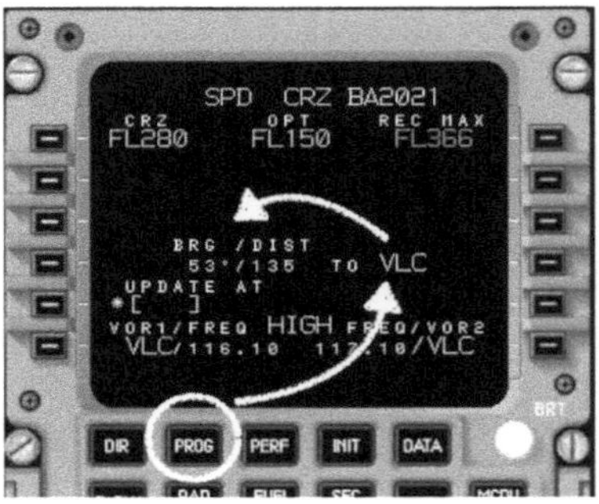

La aeronave se acerca a la posición ASTRO y está próximo a alcanzar el tope de descenso o TOD (top of descent). Éste punto se representa con una flecha blanca en medio del trayecto verde de la ruta. En este punto del vuelo, el piloto debe cambiar de fase del crucero y pasar a la fase de descenso y aproximación. Para esto, debe activar la opción ACTIVATE APPR PHASE desde la página de PERF.

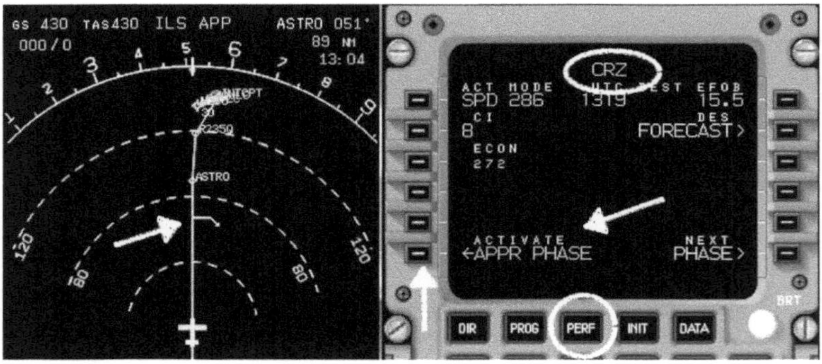

Cuándo el piloto activa esta opción, la aeronave cambiará de fase de vuelo y la página de PERF cambiará a una nueva donde el Piloto debe ingresar los valores del destino (QNH, TEMP, WIND, DH/DA, FLAPS), en este caso qnh 1013, temp 12°, wind 010°/005, dh 440, flaps conf 3 y un procedimiento ILS30 tal como fue planificado.

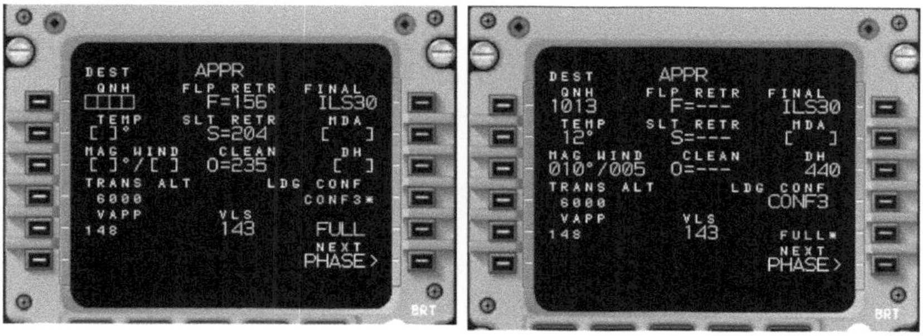

Al igual que en el inicio, el piloto decide preparar una segunda opción en el plan de vuelo secundario. En este caso decide preparar una aproximación para la pista opuesta a la planificada, la pista 12. Para ello, copia el plan de vuelo activo y luego selecciona la configuración de aproximación desde ARRIVAL.

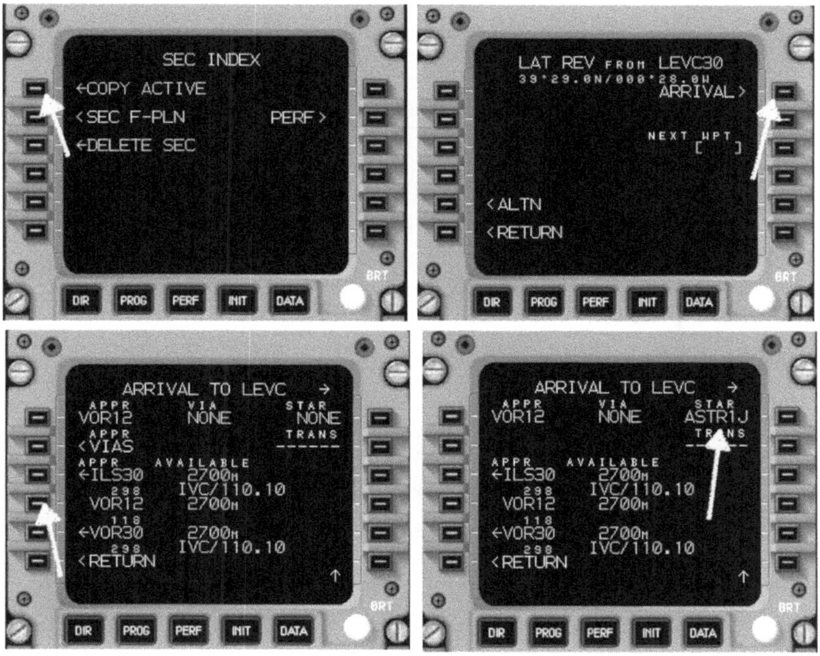

El vuelo continua normalmente y esta próximo a alcanzar la posición ASTRO para una aproximación ILS a la pista 30. En este punto, el controlador de transito aéreo le solicita un cambio de planes y requiere que cambie la pista de aproximación debido a múltiples aeronaves en despegue y congestión de tránsito.

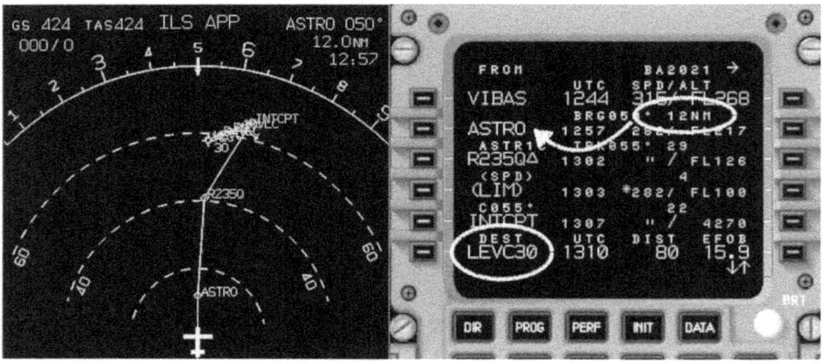

Afortunadamente, el piloto había previsto esta situación y ya tiene listo el plan de vuelo secundario con una aproximación a la pista 12. Solo deberá activarlo presionando la tecla ACTIVATE SEC.

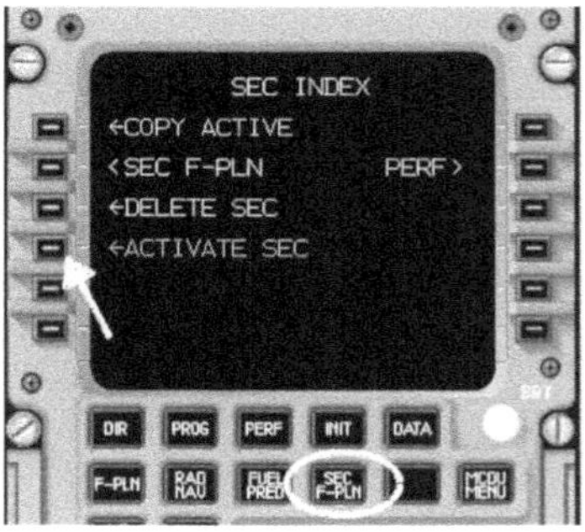

Una vez que el plan de vuelo secundario es activado, en la página F-PLN cambiará el destino de LEVC30 a LEVC12 y el ND mostrará la nueva ruta a seguir.

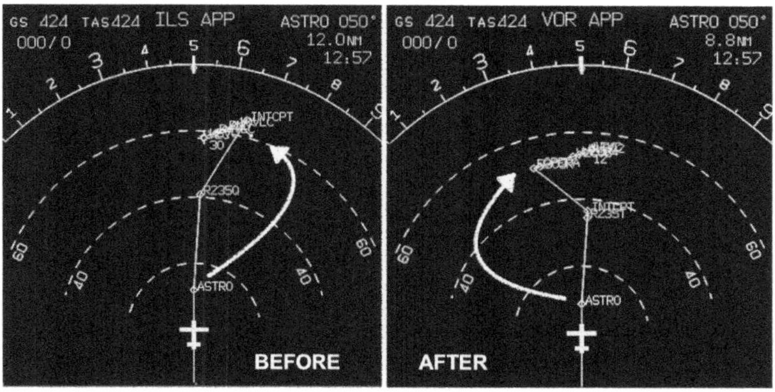

Luego de pasar la posición ASTRO, el controlador de tránsito le solicita volar directo a OPERA. Para ello, el piloto oprime la tecla DIR y selecciona el punto OPERA desde la tecla lateral.

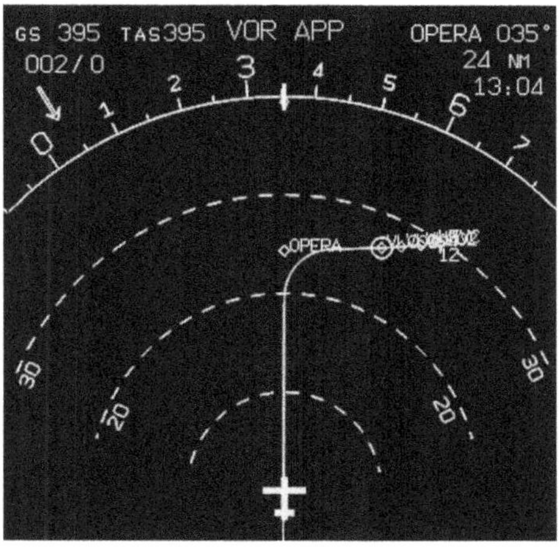

A menos que el piloto seleccione la opción de sobre vuelo sobre OPERA, la aeronave pasará por el costado de esta referencia. En este caso, el control de tránsito le solicita una espera sobre la posición OPERA. Para llevar acabo este procedimiento, el piloto debe oprimir la tecla lateral sobre la referencia y seleccionar la opción que corresponda, en este caso HOLD.

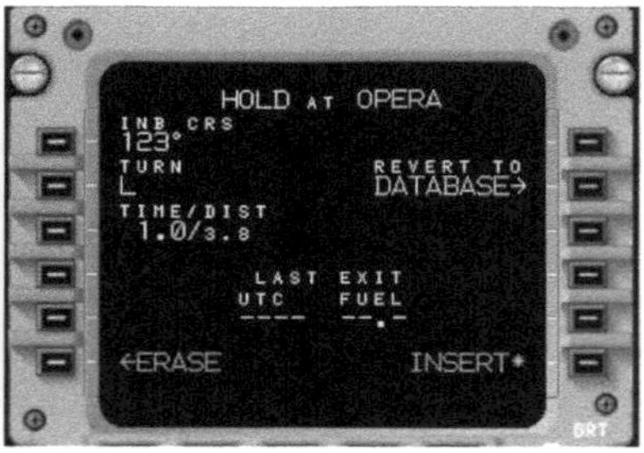

Cuando el piloto ingresa la información de la espera, el ND muestra el diagrama con una línea punteada de color ámbar para que el piloto confirme que el procedimiento es el correcto.

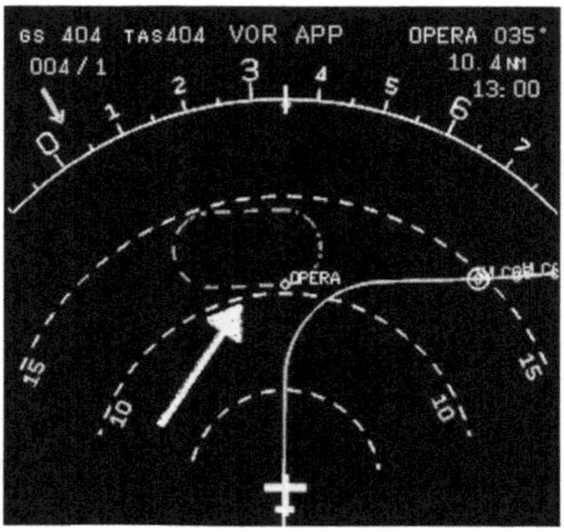

Luego de presionar la opción INSERT, el ND mostrará la nueva trayectoria a volar con la tradicional línea continua de color verde, como el resto de la ruta.

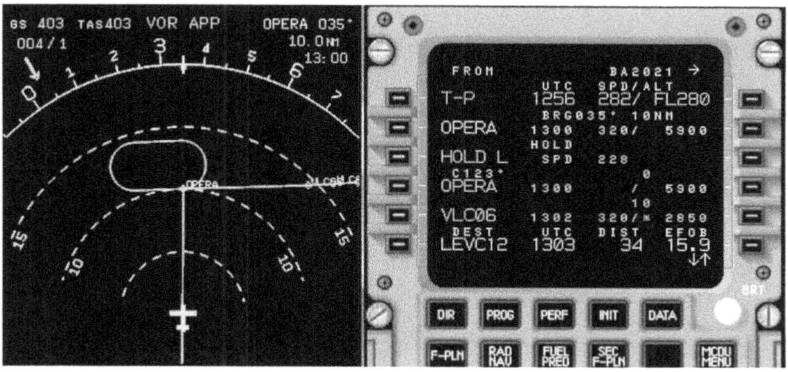

Antes de completar el procedimiento de espera y continuar con la aproximación final, el piloto debe abandonar el patrón de espera presionando la tecla lateral que indica IMM EXIT.

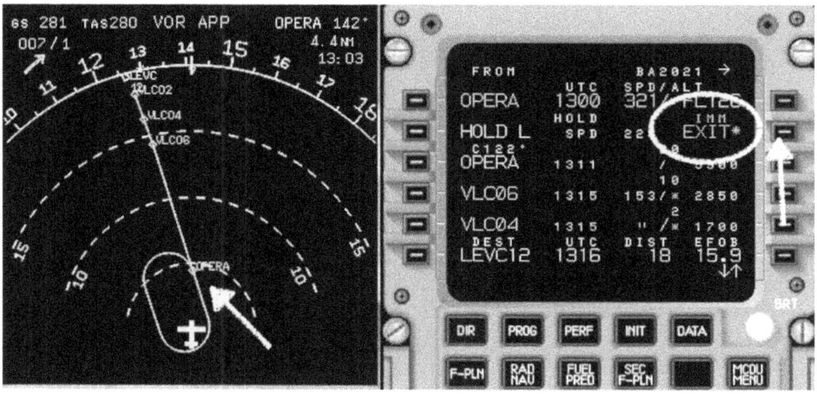

Finalmente, la aeronave continuará volando en la aproximación final de forma automática hasta los mínimos. Aquí, el piloto debería tomar el control del vuelo, desconectar el sistema de vuelo automático y aterrizar de forma manual.

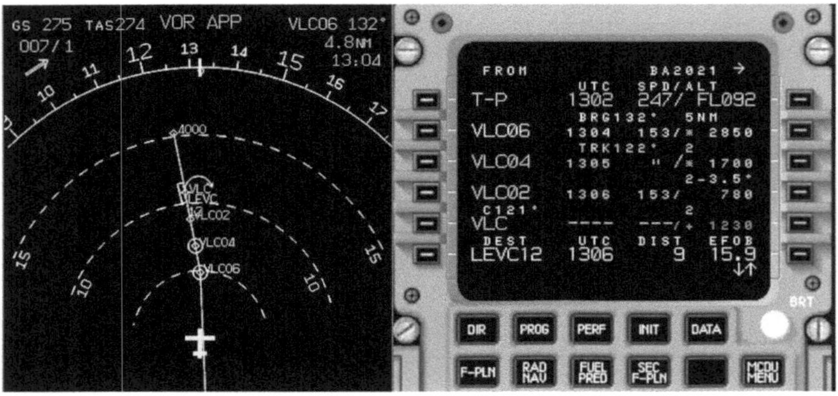

Capítulo 4

Protecciones del sistema automático de vuelo

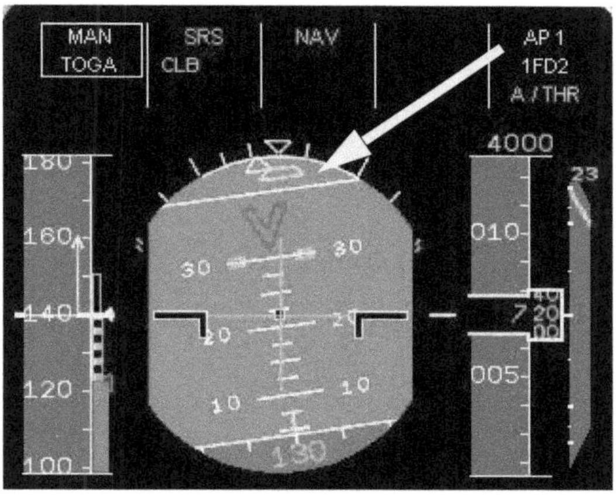

Aviation Bookstore
aviation step by step

Introducción

El sistema automático de vuelo ofrece una serie de protecciones basadas en la información del FMGS que ayudan a la tripulación a mantener el vuelo dentro de los límites de seguridad operacional:

- Compensación por falla de motor.
- Protección de baja velocidad.
- Modos reversos de AP/FD.

Compensación por falla de motor

En caso de que suceda una falla de motor con el piloto automático activado, el sistema FAC (Flight Augmentation Computer) realiza una compensación en la actitud de guiñada (YAW) de la aeronave sobre su eje vertical en cualquiera de los modos de vuelo que se encuentre.

El sistema FAC es parte del sistema FGMS. Entre sus funciones principales se destacan la compensación de guiñada y coordinación de virajes; la compensación del "Rudder" y su limitación en los movimientos, el manejo de las velocidades de precaución; las alertas de baja energía y la detección de windshear.

La aeronave posee dos sistemas FAC y se activan al energizar el avión. En una operación normal, el sistema FAC 1 hace todo el trabajo, mientras que el sistema FAC 2 se mantiene activo en modo reserva, y en caso de que el FAC 1 presente una falla, el FAC 2 continuará con el trabajo. Durante las fases de despegue y aproximación frustrada, el sistema proporciona una compensación del Rudder trim basado en el trabajo del sistema Yaw Dumper.

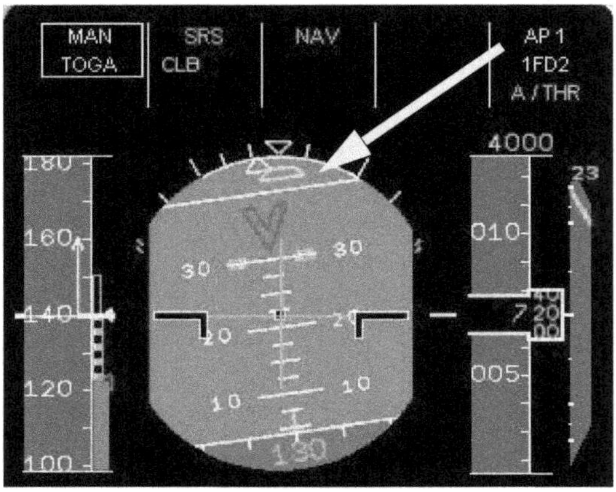

Protección de baja velocidad

La protección de baja velocidad trabaja con el modo SPEED cuando el sistema A/THR está activado. EN este caso, la protección actúa de dos formas diferentes.

Si la velocidad está en modo "Manage" (automática y provista por el sistema FMS), y la velocidad objetivo es mas baja que la velocidad de maniobra, la protección y el sistema A/THR no permitirán que está se reduzca aún más y quede por debajo de la velocidad de maniobra requerida.

Por otra parte, si la velocidad está en modo "Selected" (seleccionada manualmente por el piloto), y la velocidad objetivo está por debajo de VLS, el sistema de protección y el A/THR no permitirán que la velocidad se reduzca por debajo de VLS.

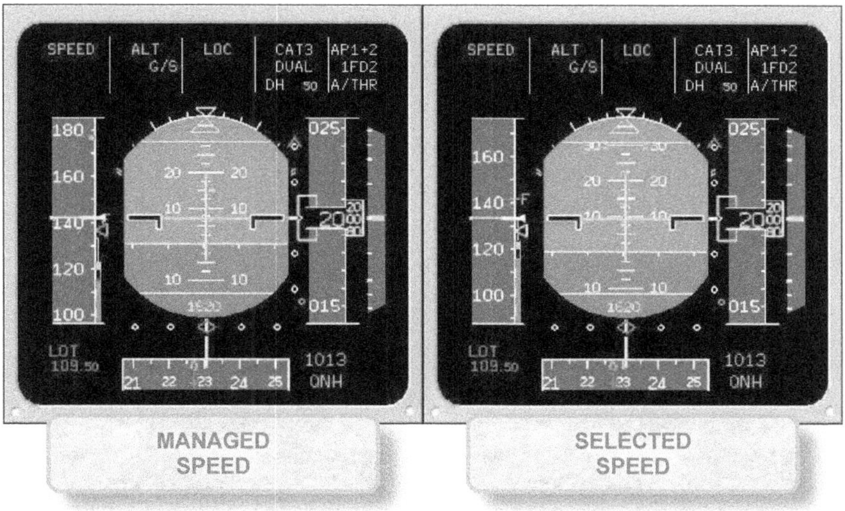

Protección de baja energía

En caso de que, por alguna razón (turbulencia, windshear, A/THR off, etc), la velocidad de la aeronave se reduzca significativamente por debajo de VLS, el sistema FAC activará una alarma sonora indicando “SPEED SPEED SPEED”.

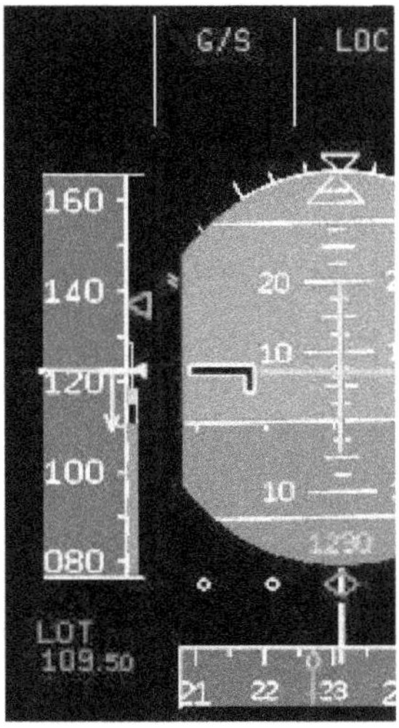

El piloto podrá observar la información del velocímetro en el PFD y notar la tendencia de descenso de la velocidad por debajo de VLS. En respuesta a ello, podrá iniciar las correcciones de potencia que considere necesarias. Esta protección de baja energía está disponible cuando la aeronave está en las fases de despegue y ascenso initial; y durante la fase de aterrizaje, entre los 100 FT y los 2000 FT en configuración de flaps 2, 3 o full.

Protección "Alpha Floor"

En caso de que la velocidad de la aeronave se reduzca aún más (por debajo de la VLS aún con la protección anterior), y el ángulo de ataque se incremente por encima del previsto para la maniobra, el sistema A/THR activará la protección ALPHA FLOOR y se accionará toda la potencia disponible de forma automática (TOGA thrust).

Cuando se active la protección ALPHA FLOOR, el A/THR se activara automáticamente en caso de que esté desconectado y se advertirá en el FMA. El mensaje A.FLOOR en color verde aparecerá en la columna de potencia en el FMA, reemplazando la indicación anterior del A/THR.

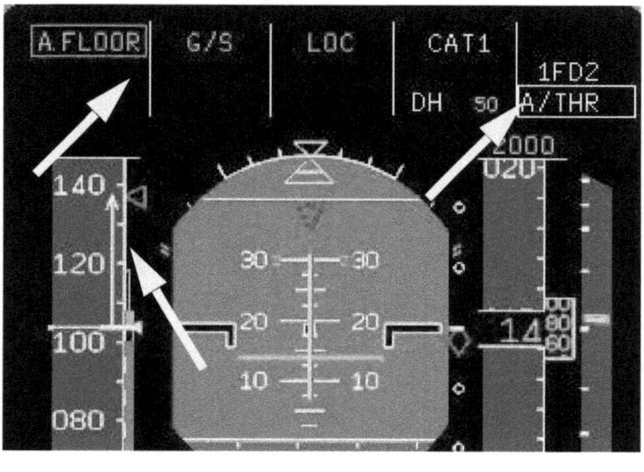

La función de esta protección ALPHA FLOOR está disponible desde el despegue hasta los 100 FT previos al aterrizaje.

Detección de Windshear

En caso de que la aeronave se encuentre ante una condición de windshear en su trayectoria de vuelo, el sistema FAC podrá detectarlo y notificará a los pilotos mediante una advertencia sonora que indica "WINDSHEAR WINDSHEAR WINDSHEAR", junto con una indicación visual en un mensaje de color rojo en cada uno de los PFDs.

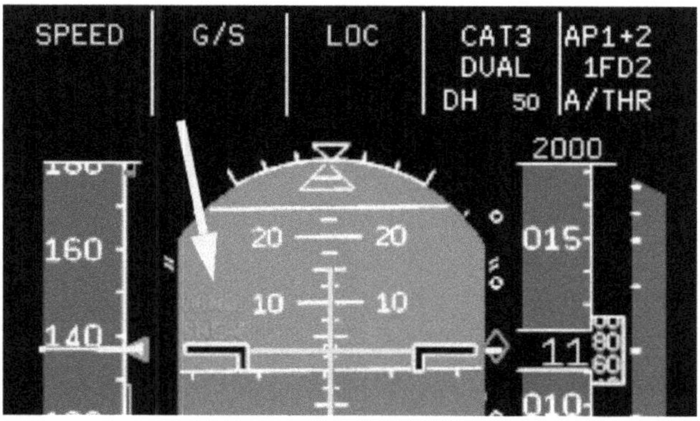

La función de detección de windshear está disponible desde el despegue hasta los 1000 FT en ascenso y desde los 1000 FT hasta los 50 FT durante el aterrizaje.

Esta protección se basa en la información del sistema FMGS, durante el despegue y la aproximación frustrada (go around), con el AP/FD en modo vertical.; y durante la aproximación con la velocidad en modo "Manage". La velocidad objetivo es automáticamente ajustada con la variación del viento para segura que la velocidad GS no descienda por debajo de la velocidad GS MINI. En caso de que el ángulo de ataque sea excesivo y alcance la protección de AOA (angle of attack), el AP se desactivará permitiendo al piloto maniobrar la aeronave manualmente de inmediato.

Modos reversos AP/FD

La reversión de los modos de vuelo se da en forma automática para asegurar la operación de vuelo dentro de los límites establecidos, considerando los valores de las protecciones mencionadas anteriormente. Esto permite un comportamiento comprensivo del sistema automático de vuelo cuando el piloto ingresa valores diferentes a los establecidos en el FCU.

AP/FD Reversión: V/S - OPEN

A modo de ejemplo, imaginemos que la aeroanve se encuentra en ascenso y el piloto selecciona V/S +3000 FT/MIN mientras la velocidad objetivo (managed speed) es de 315 KT.

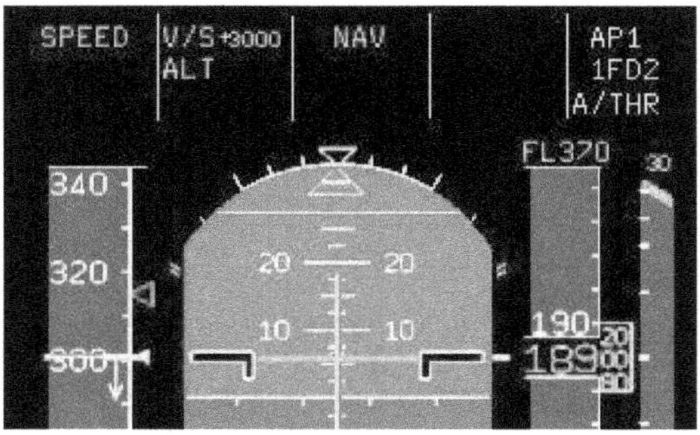

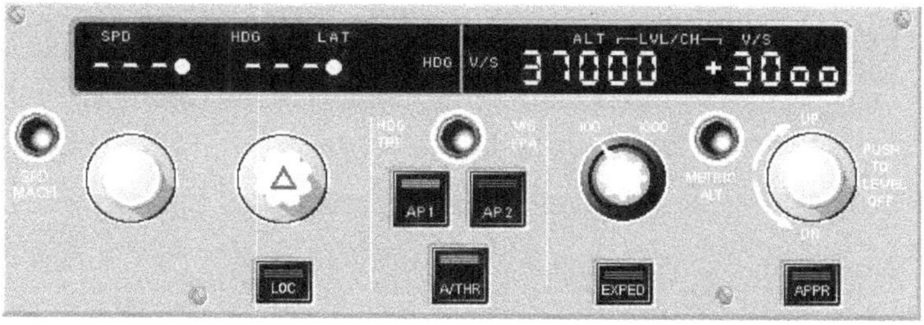

La altitud objetivo (37000) está por encima de la altitud actual de la aeronave (30100), pero la performance del avión no permite un rango de ascenso tan elevado. El piloto automático aumenta el ángulo de pitch para lograr los +3000 FT/MIN solicitados por el piloto. El sistema del A/THR, en modo SPEED, incrementará la potencia a MAX CLB (máxima potencia de ascenso) ya que la velocidad de la aeronave está decreciendo debido al elevado ángulo de pitch.

Cuando la velocidad alcance VLS + 5KT, el modo vertical del AP se "revertirá" de modo VS a modo OP CLB y el A/THR se revertirá de modo MAX CLB a modo THR CLB (potencia de ascenso).

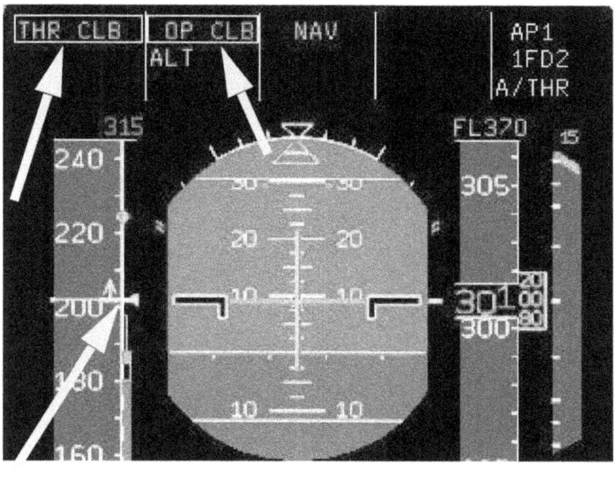

El AP reducirá el ángulo de pitch bajando la nariz del avión para volver a acelerar hasta los 315 KT de la velocidad prevista por el sistema (managed speed). Este modo de reversión asegura que la aeronave permanezca dentro de sus límites operativos y seguros.

Cambiemos el escenario, imagina ahora que el piloto ha seleccionado V/S +3000 FT/MIN pero que la altitud objetivo está por debajo de la altitud de la aeronave. En este caso la selección se dirige en sentido opuesto a la altitud objetivo (ascenso pero con una altitud mas baja).

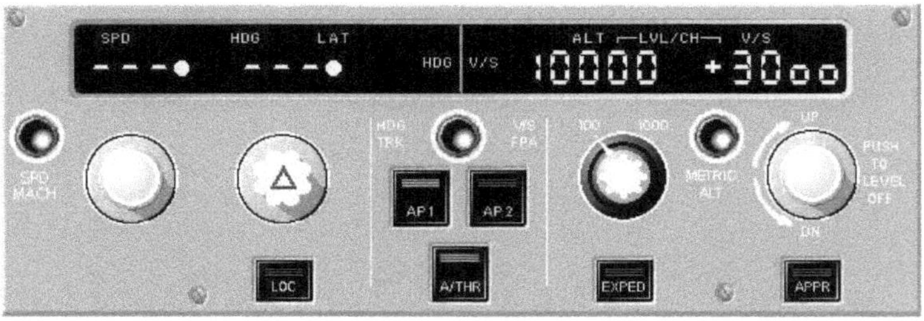

El AP aumenta el ángulo de pitch hasta +3000 FT/MIN y la velocidad comienza a decrecer de la misma forma que en el ejemplo anterior.

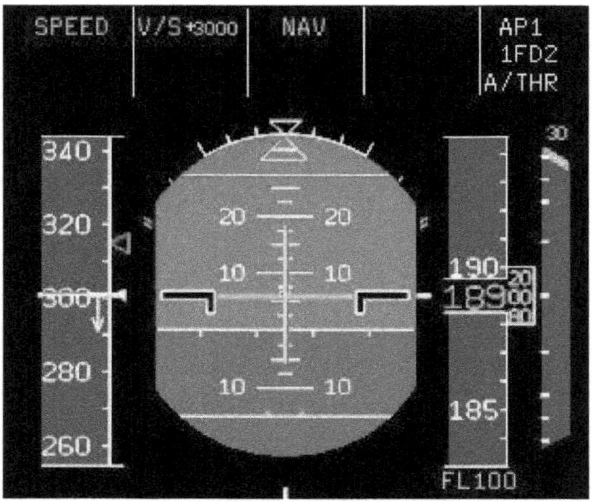

Cuando la aeronave alcance VLS + 5 KT, el AP revertirá el modo de VS a OP DES, y el A/THR revertirá su modo a THR IDLE.

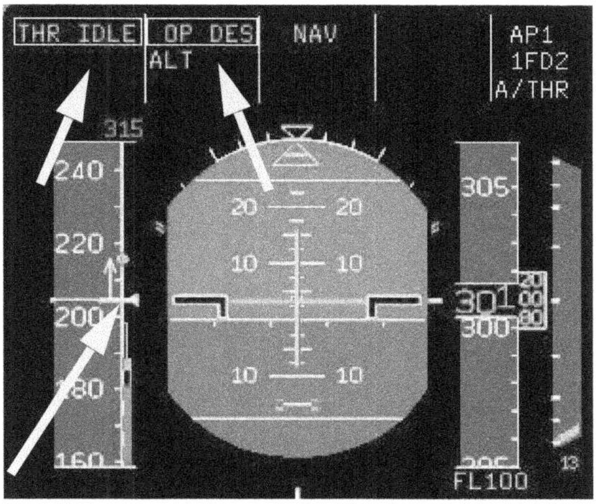

Nótese que en el FCU la indicación de V/S +3000 ha desaparecido, ya que el modo VS ha cambiado a OP DES.

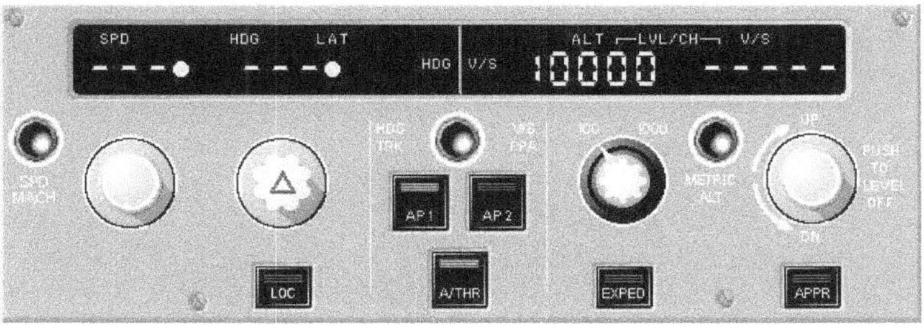

Volvamos a cambiar de escenario para comprender mejor este concepto tan importante. Imagina que la aeronave está en descenso a 3000 FT/MIN, la velocidad objetivo es de 250 KT y la altitud objetivo (2000 FT) está por debajo de la altitud de la aeronave.

La performance de la aeroanve hace que esta deba acelerarse para alcanzar el valor de VS solicitado por el piloto durante el descenso.

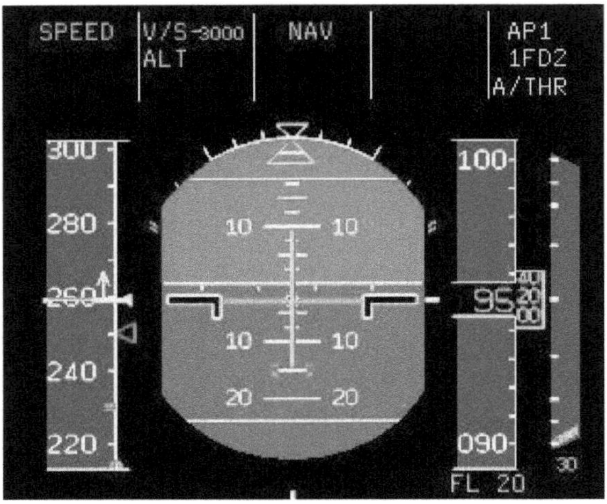

Cuando la velocidad de la aeronave alcance VMO - 5 KT, el modo VS se revertirá a modo OP DES y el modo A/THR se revertirá a THR IDLE. Esto permitirá a la aeronave volver a controlar el descenso automático, sin la intervención mandatoria de la indicación del piloto (-3000FT7MIN), regulando el ángulo de descenso y la velocidad para volver a los parámetros iniciales.

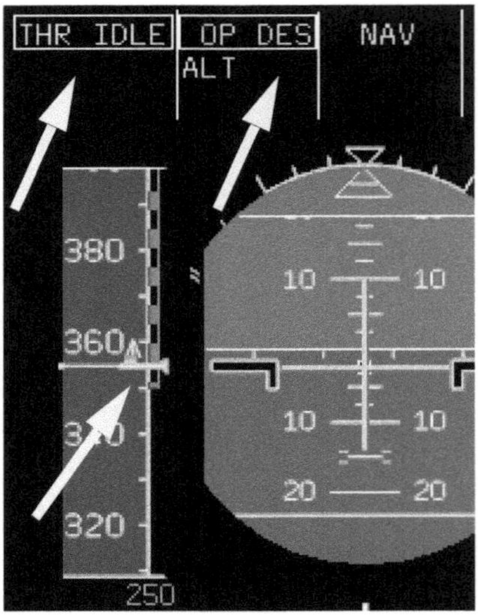

Finalmente, un escenario diferente durante la aproximación. Al aeronave se encuentra en la senda final de la aproximación, por encima de la senda de planeo del GS (Glide Slope) y en configuración de aterrizaje (tren de aterrizaje y flaps extendidos). Para capturar la senda de plane correcta, el piloto selecciona V/S -2500 FT/MIN, pero con una altitud objetivo (3000 FT) por encima de la altitud actual de la aeronave (2800 FT).

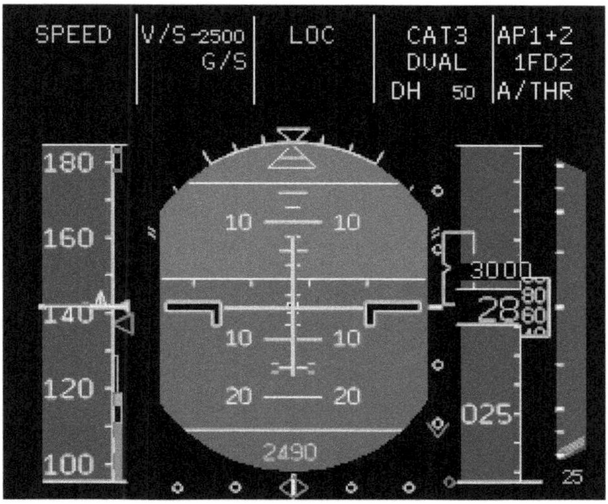

Cuando la velocidad de la aeronave alcance VFE + 4KT, el modo vertical del AP se revertirá a OP CLB y el A/THR se revertirá a THR CLB, ya que la altitud objetivo está por encima de la altitud real de la aeronave.

Como consecuencia, la aeronave comenzará a ascender para buscar la VAPP y esto hará fracasar el intento del piloto por descender y capturar la señal del GS.

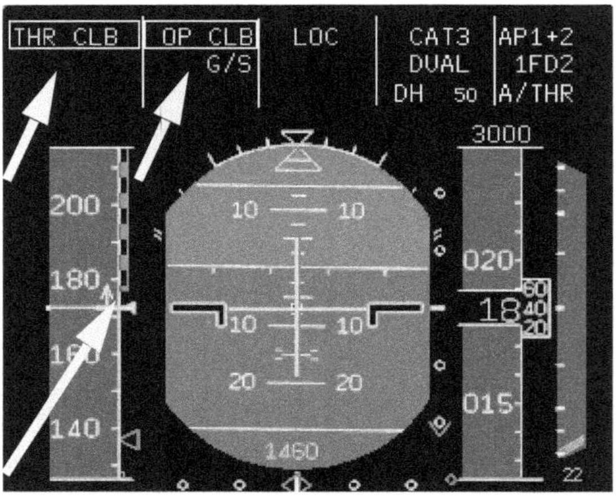

FD Reversión: OP DES - V/S y THR IDLE - SPEED

Imagina que el piloto está volando la aeronave manualmente (AP off) pero con el FD activado. El modo actual de descenso es OP DES y el A/THR en modo THR IDLE.

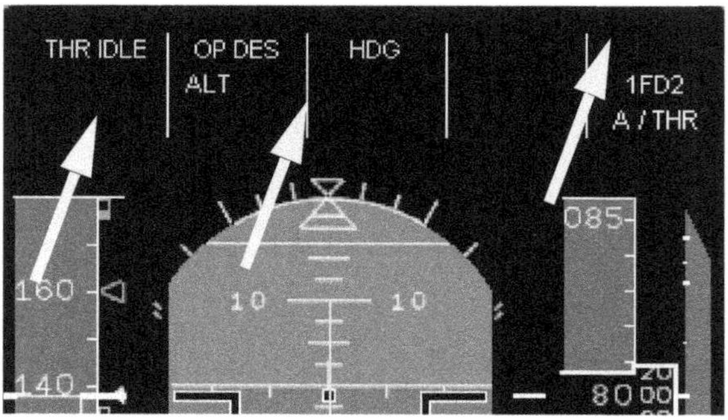

A modo de demostración, la aeronave incrementa su ángulo de pitch omitiendo las indicaciones del FD. Como consecuencia la velocidad comienza a reducirse. Cuando la velocidad alcance VLS -2KT, el A/THR revertirá su modo de THR IDLE a SPEED para ajustar al potencia y volver a alcanzar la velocidad inicial. Al mismo tiempo el modo OP DES se revertirá al modo VS utilizando el valor de VS actual de la aeronave.

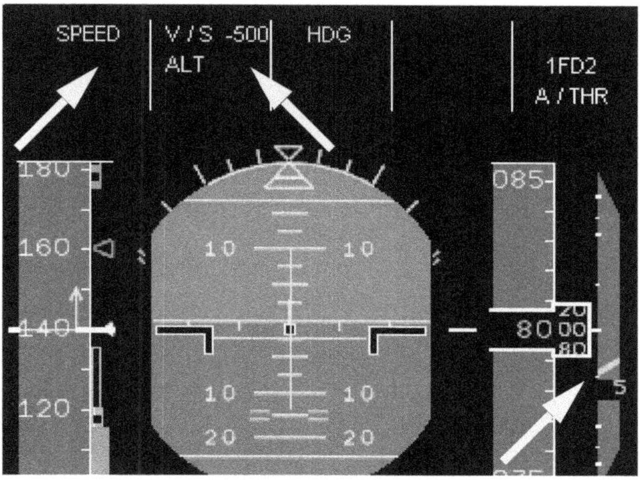

Cambiemos de escenario para comprender mejor este concepto. En este caso la aeronave está en ascenso en modo OP CLB y el A/THR en modo THR CLB. A modo de demostración el piloto no sigue las indicaciones del FD y lleva el pitch de la aeronave hacia abajo. A consecuencia de ello, la velocidad comienza a incrementarse. Cuando la velocidad alcance VMO, el sistema A/THR revertirá su modo a SPEED y reducirá la potencia para volver a la velocidad inicial.

Al mismo tiempo, el modo OP CLB revertirá su modo a VS con el valor de VS actual de la aeronave al momento de la reversión.

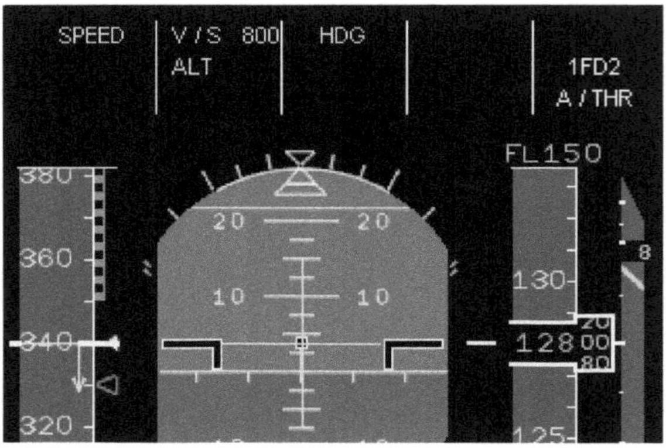

AP/FD Reversión: V/S en cambios de altitud

Imagina que la aeronave está en ascenso a nivel de vuelo 250 (FL250). Mientras cruza el nivel de vuelo 225 (FL225), el control de tránsito que la aeronave nivele a nivel de vuelo 220 (FL220).

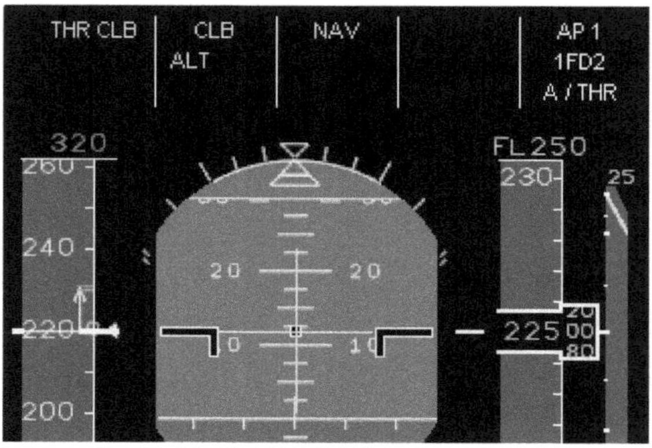

Nótese que está activado el modo CLB y debajo, en la segunda línea el modo ALT armado. Al recibir la indicación del control de tránsito aéreo, el piloto selecciona 22000 en el FCU. Aquí el AP recibe una orden que se contradice con la indicación anterior, es decir, el sistema tenia previsto ascender hasta FL250, pero cruzando FL 225, el piloto le dice que debe alcanzar FL200, en lugar del FL250 de la orden inicial.

El AP revierte los modos de THR CLB a SPEED para controlar la velocidad y el modo CLB a V/S 1700 (valor actual al momento de la reversión).

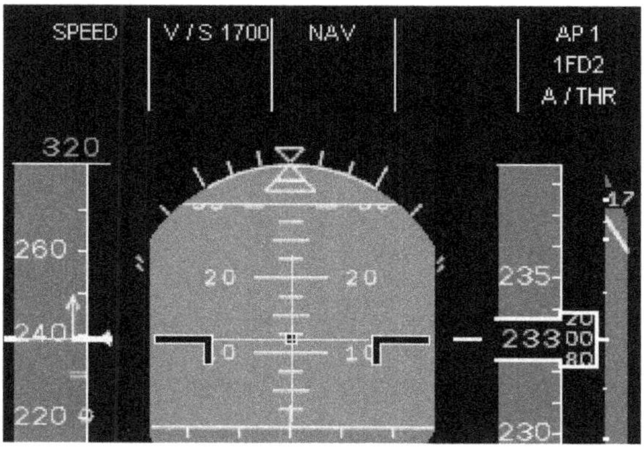

La aeroanve aún está en ascenso. A partir de aquí el piloto decidirá la forma adecuada de comenzar el descenso hasta el nivel de vuelo solicitado por el control de tránsito aéreo.

En caso de que decida mantener el modo V/S, podrá ajustar su valor en descenso como lo considere necesario. En este ejemplo se ha seleccionado V/S -1000.

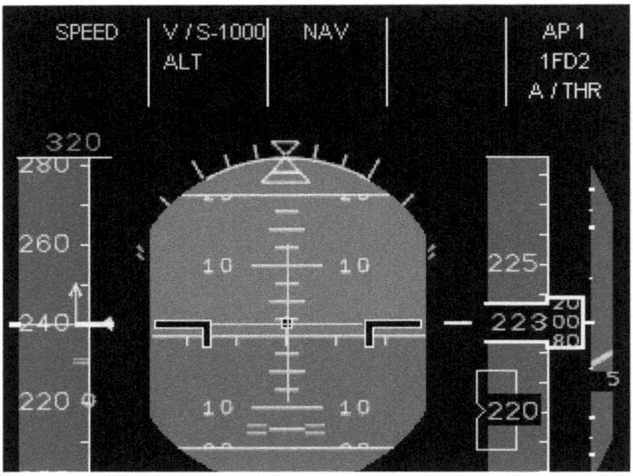

Capítulo 5

Operación anormal del sistema automático de vuelo

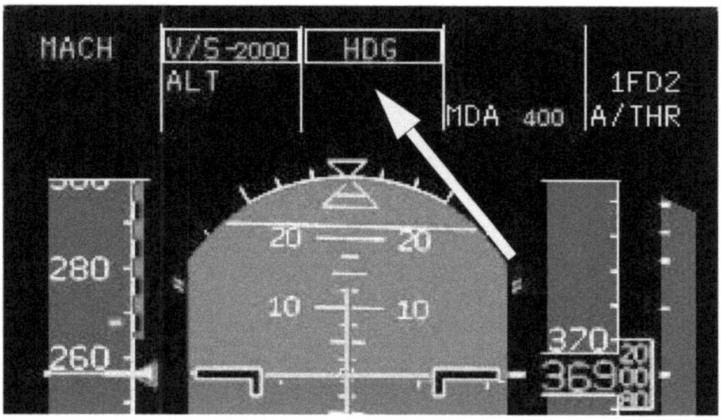

Aviation Bookstore
aviation step by step

Introducción

La operación anormal del sistema de vuelo automático de un avión puede limitar sus operaciones hasta el punto de requerir un aterrizaje lo antes posible. Si bien no se transformaría en una emergencia donde se requiera un aterrizaje de inmediato, como ser la falla de un motor o fuego abordo, las fallas en el sistema automático de vuelo puede ir degradando las capacidades de la aeronave hasta el punto en el que esta se encuentre limitada para continuar con el vuelo de forma segura.

Falla de FMGC (alimentación cruzada)

Ambos sistemas FMGC intercambian información entre sí y están sincronizadas, pero una de ellas es la encargada de gestionar la sincronización y se la llama Master FMGC. Este master FMGC es determina por la conexión del piloto automático, siendo: AP 1 activado, Master FMGC 1. AP 2 activado, Master FMGC 2. AP 1+2 activados, Master FMGC 1.

El sistema A/THR es gestionado por el master FMGS. Cuando los FD 1+2 están activados, cada FMGS gestiona el FD y el FMA del PFD de su lado.

En caso de que la información cruzada entre los dos FMGC falle, cada FMGC trabajará en el modo independiente. La tripulación es advertida de esta situación mediante el mensaje "Independent Operation" en cada MCDU.

Cuando el sistema trabaja en el modo independiente, cada FMGS trabaja con su MCDU, con su propio EFIS y su propia navegación. La tripulación debe realizar los cambios de forma conjunta entre los dos pilotos, y cada uno de ellos en sus respectivas MCDUS, a fin de no tener información de navegación diferente representada en sus pantallas.

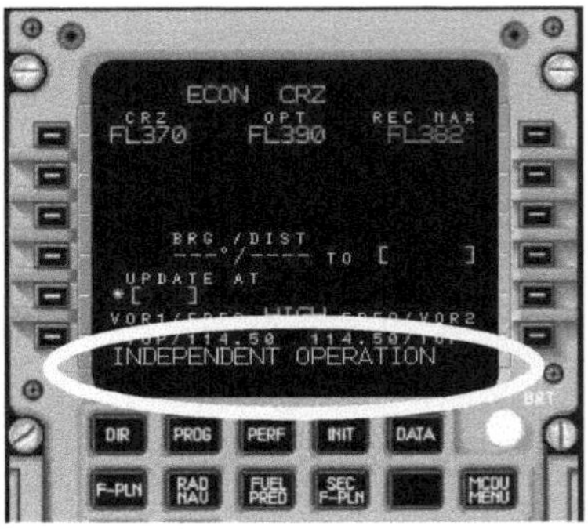

Falla de FMGC 1

Imaginando el ejemplo de una falla de FMGC 1, el sistema FMGC 2 se hará cargo de todo el trabajo. Considerando que el AP 1 está asociado al FMGS 1, este se desactivará y será anunciado por el ECAM como: AUTO FLT - AP OFF.

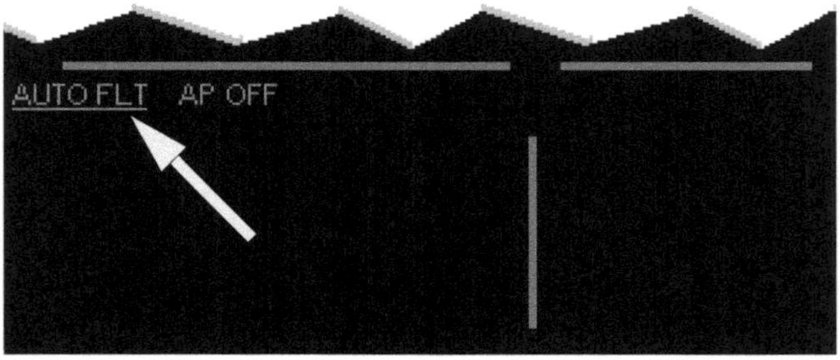

El MCDU 1 es ahora una copia del MCDU 2 y aparecerá el mensaje: OPP FGMC IN PROCESS. El sistema está funcionando en modo simple, o “Single Mode”.

En el PFD ,los pilotos puede observar que el FMA indica 2FD2, informando que el sistema de director de vuelo está siendo manejado únicamente por el FMGC 2.

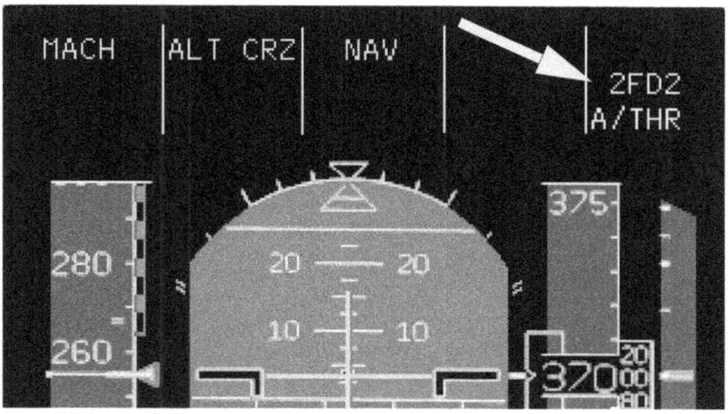

Como consecuencia del cambio de modo a "Single Mode", el ND 1 (navigation display) informa SET OFFSIDE RNG/MODE y MAP NOT AVAIL, ya que el rango de distancia no está configurado en el mismo valor que el ND 2, quien funciona correctamente con el FMGC 2, y desde donde debe tomar la información el ND 1.

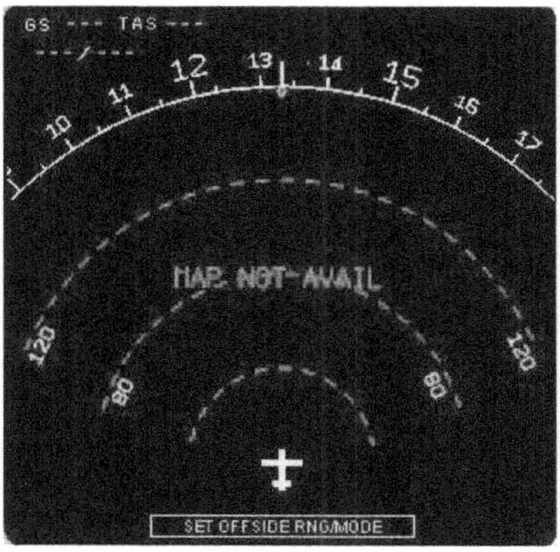

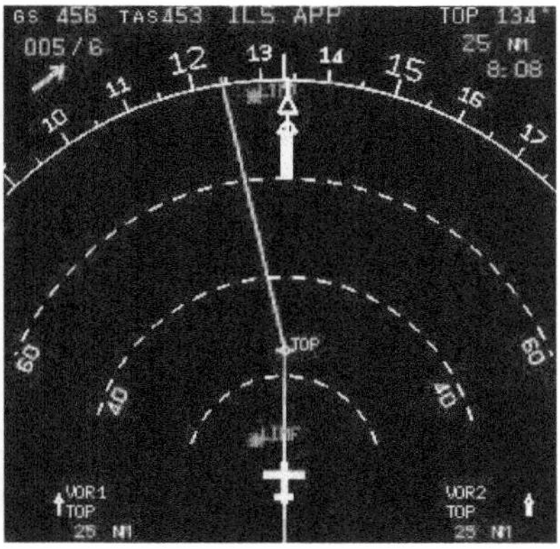

Para mantener la pantalla de navegación, el capitán deberá configurar su ND con los mismos valores que el ND del primer oficial durante todo el vuelo.

Reseteo de FMGC

Imagina que la aeronave se encuentra en la fase de crucero, todo transcurre normal y en automático. Repentinamente se activa la alarma sonora del Master Warning!

El piloto advierte la situación, desactiva la alarma sonora y observa que en el ECAM se anuncia AUTO FLT - AP OFF.

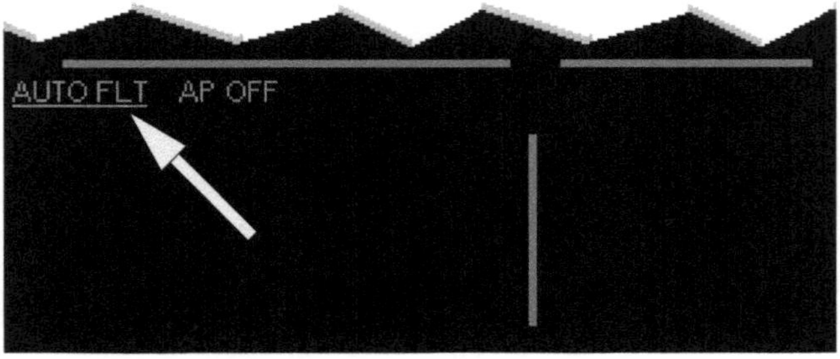

Si bien, el ECAM no informa sobre cual de los dos AP se ha producido la falla, se considera que el AP 1 es el afectado, por consiguiente, el AP 2, el FD 2 y el A/THR aún pueden estar funcionando con normalidad y disponibles para activarlos y mantener la senda de vuelo segura.

Al desactivarse el AP 1 que estaba al mando de la aeronave, el FMA informa que el sistema ha revertido el modo de vuelo a V/S y HDG.

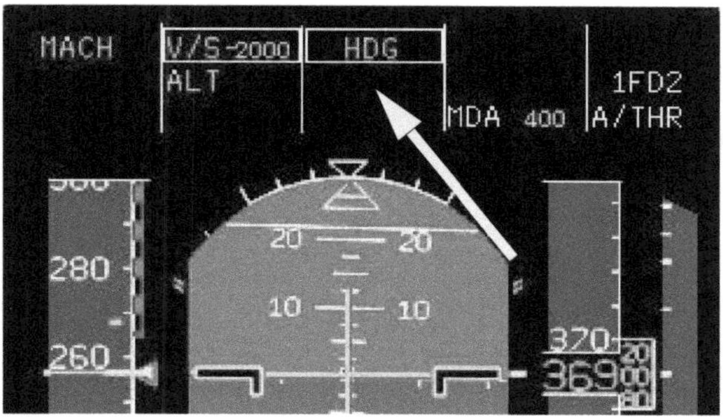

Considerando que el reseteo de un sistema FMGC se da de forma automática y dura unos pocos segundos, la tarea de los pilotos será monitorear su evolución y tomas las acciones necesarias para continuar con el vuelo de forma segura. Durante este tiempo, el ND 1 mostrará el mensaje MAP NOT AVAIL y en la pantalla del sistema MCDU 1 aparecerá el mensaje PLEASE WAIT.

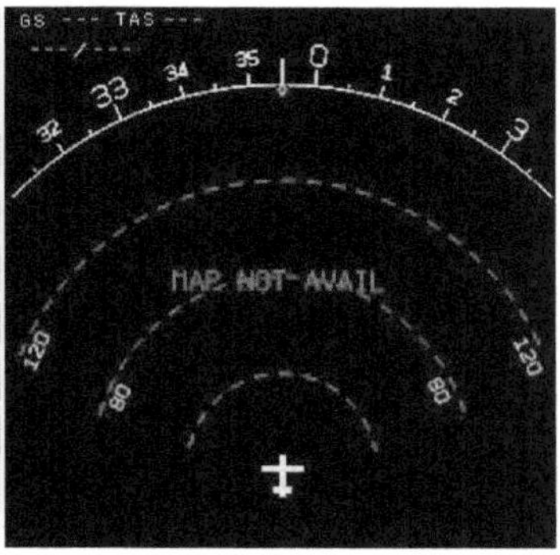

Una vez que el reseteo del sistema haya finalizado, todos los parámetros volverán a la normalidad, aunque el piloto deberá verificar cada uno de ellos para confirmar que todo funciona correctamente.

Falla del sistema FCU

Cuando la unidad de control de vuelo 1 o 2 falla, la unidad restante se hace cargo del trabajo completo. Esta situación no requiere acciones por parte del piloto, ya que es un sistema automatizado que asume el control de la situación. Tanto en el panel del FCU como en el PFD y ND no se evidencia la falla, debido a que el FCU restante continúa con el trabajo normalmente.

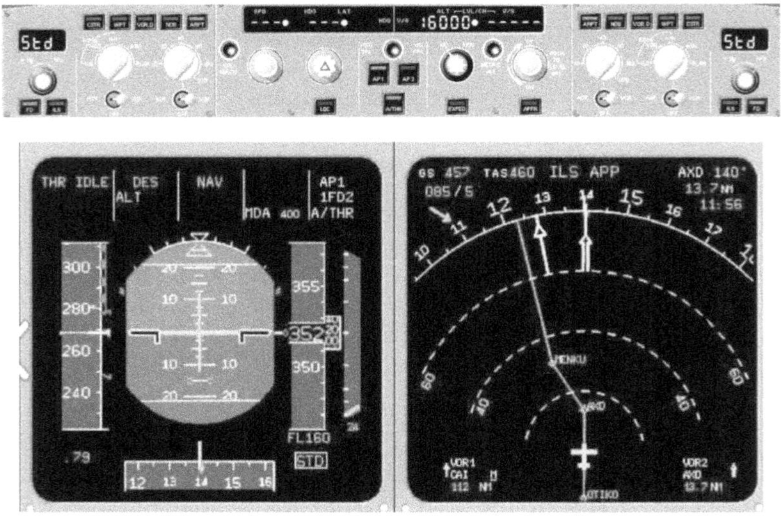

Cuando el sistema, detecta la falla de una unidad FCU, activa la alarma del Master Caution e indica la información en el ECAM:

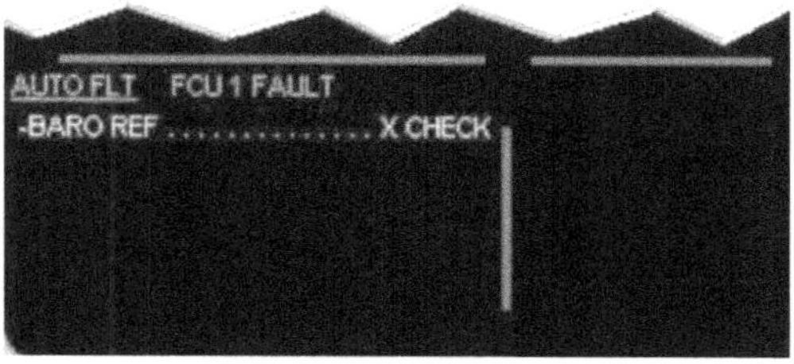

En este caso, el ECAM anuncia el título de la falla, AUTOFLT, y la descripción de la misma: FCU 1 FAULT. Nótese que la única acción que indica el ECAM es la verificación cruzada de la referencia barométrica entre ambos pilotos, a fin de descartar la posibilidad de alguna diferencia altimétrica. La acción siguiente por parte del piloto será borrar la información del ECAM y acceder a la página de STATUS para verificar si existe alguna limitación operativa ante esta condición de vuelo. En este caso, solo se observa el sistema FCU 1 como sistema inoperativo y no existen restricciones para continuar con el vuelo.

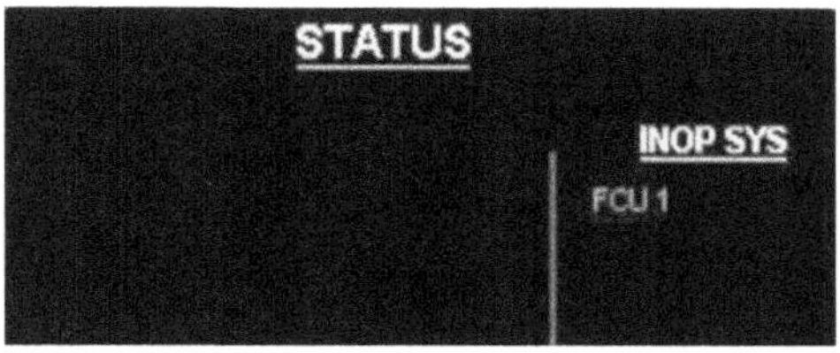

Falla FCU 1+2

La situación toma otro grado de severidad cuando se presenta una nueva falla de FCU, en este caso en la unidad FCU restante, la cual se estaba haciendo cargo del vuelo a causa del fallo de la FCU 1. Cuando el sistema detecta que la unidad FCU restante ha fallado, inmediatamente activa la alarma de Master Warning, se desactivan ambos pilotos automáticos (AP1+2), ambos directores de vuelo (FD1+2) y el sistema de potencia o empuje automático (A/THR).

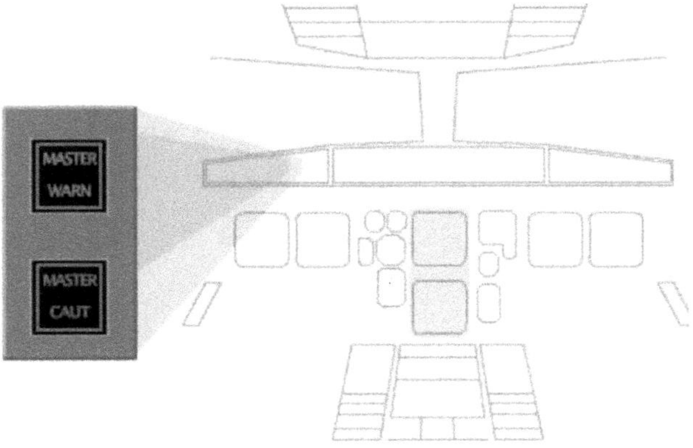

La alarma del Master Warning advierte a los pilotos de que la situación se ha convertido en una emergencia. El ECAM anuncia tres fallas, consecuencia de la situación. Inicia con la advertencia de la desconexión del AP, continúa con la indicación de la falla múltiple de FCU 1+2, donde informa que el PFD solo brindará información altimétrica en base a la presión estándar. Y por último, informa de la desconexión del A/THR, sin informar de mas acciones. Ante esta situación los pilotos deberán operar la aeronave completamente manual, tanto en los mandos de vuelo como en la potencia.

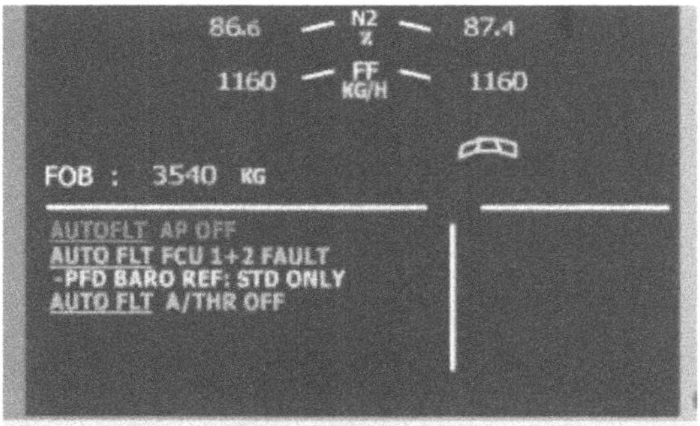

El panel del FCU ha quedado completamente apagado, desactivando todas sus funciones.

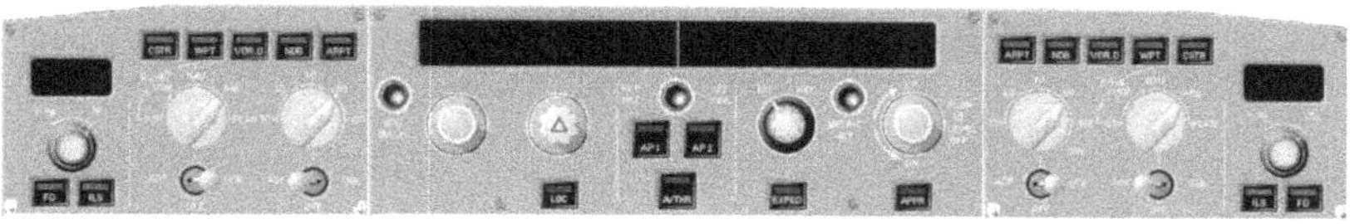

El plan de vuelo sigue estando vigente con la información insertada en el sistema MCDU. El ND adapta su pantalla al modo ROSE NAV. El PFD pierde diversas fuentes de información como ser: toda la información del FMA, la información de la velocidad y altitud seleccionada, la información barométrica pasa a indicarse únicamente como STD o estándar, y el flight director o FD cambia al modo flight path vector o FPV.

Con el objeto de continuar con la posibilidad de llevar a cabo una aproximación ILS, el sistema muestra, automáticamente, los puntos de desviación ILS en el PFD, tanto para la desviación del LOC como para la desviación del GS.

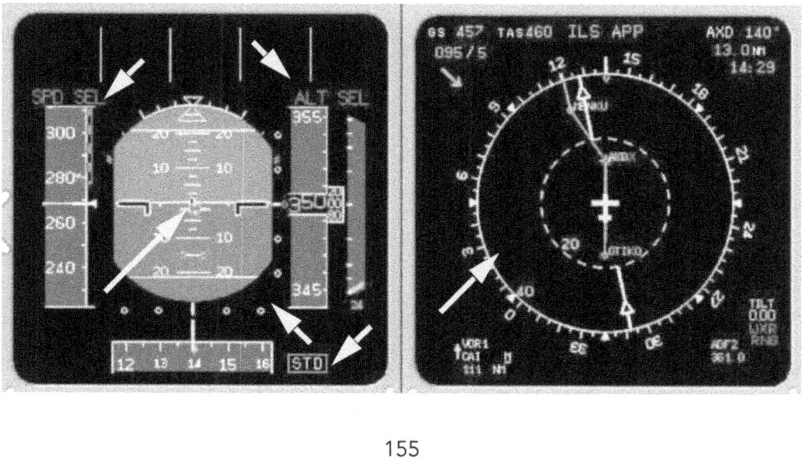

Los roles operativos de cada piloto quedan distribuidos de la siguiente manera, en función a las figuras de PF y PM (PNF).

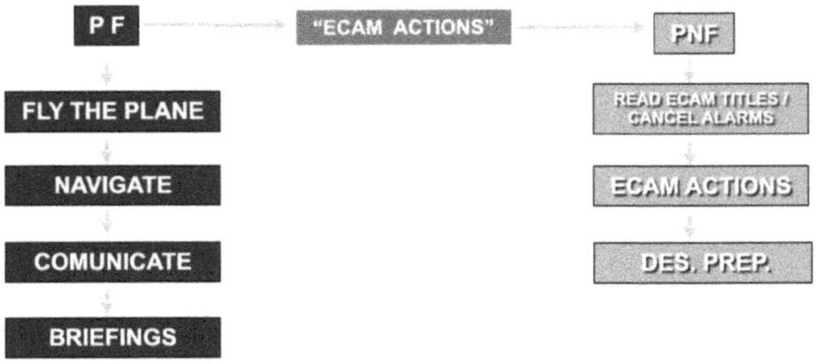

La primera acción la lleva a cabo el PF, quien toma el control de la aeronave y establece un perfil de vuelo manual seguro, considerando que, tanto el piloto automático como la potencia automática, están inoperativos. Continúa con la navegación según lo previsto y se hace cargo de las comunicaciones con cada dependencia de control de tránsito. Una vez que el vuelo está controlado, el PF solicita que el PM realice las acciones del ECAM. Aquí, el PM comienza a leer cada título del ECAM, y en caso de no tener acciones a seguir, simplemente borra esa falla y pasa a leer la siguiente:

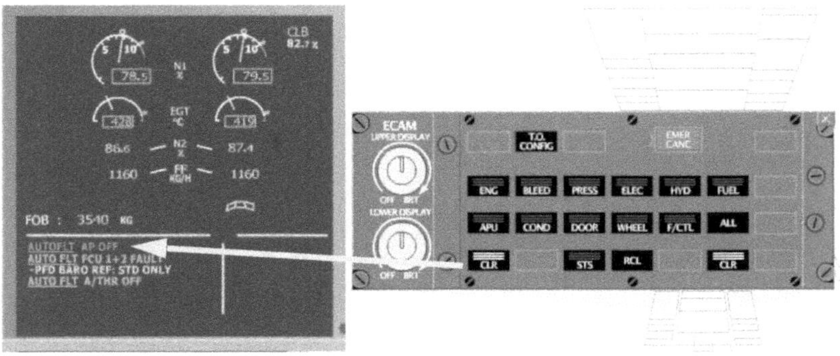

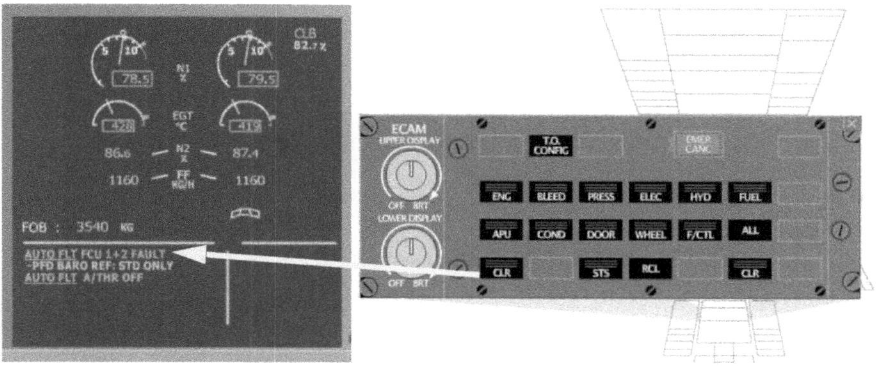

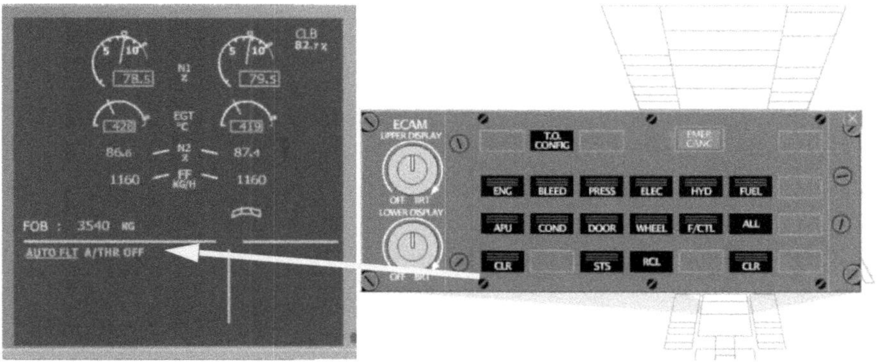

Una vez que el PM ha finalizado con la lectura de todas las fallas que indica el ECAM, llega a la página de STATUS donde verifica si existe alguna restricción operativa ante esta condición de vuelo y verifica los sistemas que han quedado inoperativos a causa de la doble falla de FCU. En este caso no existen restricciones operativas para el vuelo, salvo la consideración de volar con referencias barométrica estándar y la degradación de la capacidad ILS a categoría 1 únicamente. En la columna de sistemas inoperativos se describen los sistemas afectados por la falla.

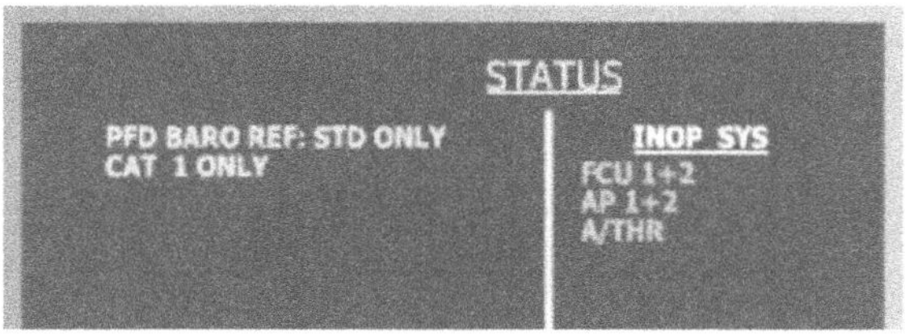

Una vez finalizada la lectura del STATUS, la emergencia no ha finalizado, sino que en esta ocasión posee una consideración adicional y exclusiva a unas pocas emergencias. Debido a que el sistema de FCU se basa en un principio computarizado de vuelo, forma parte de un procedimiento de reset de la computadora que controla a este sistema. Estos procedimientos adiciónalos se detallan en el QRH:

	ABNORMAL AND EMERGENCY PROCEDURES		80.21
	COMPUTER RESET TABLE		
22	AUTO FLT FCU 1(2) FAULT	FCU	**In flight:** - Pull the C/B B05 on 49VU for FCU1, or M21 on 121VU for FCU2. - Push it after 5 s. - CHECK the displayed targets and the barometer reference, and correct them if necessary. **On ground:** - Pull the C/B B05 on 49VU for FCU1, or M21 on 121VU for FCU2. - Push it after 5 s. - If FCU1(2) FAULT disappears, CHECK the displayed targets and barometer reference, and correct them if necessary (RESET successful) - If FCU1(2) FAULT remains, pull both C/B B05 on 49VU and M21 on 121VU - Push them after 7 min, with a delay of less than 5 s between side 1 and 2 - Wait at least 30 s for FCU1 and FCU2 safety tests completion - CHECK the displayed targets and barometer reference, and correct them if necessary (RESET successful)

22	AUTO FLT FCU 1+2 FAULT	FCU	**In flight:** - Pull the C/B B05 on 49VU for FCU1, and then M21 on 121VU for FCU2. - Push them after 5 s. - CHECK the displayed targets and the barometer reference, and correct them if necessary. **On ground:** - Pull the C/B B05 on 49VU for FCU1, and then M21 on 121VU for FCU2. - Push them after 5 s - If FCU 1+2 FAULT disappears, CHECK the displayed targets and barometer reference, and correct them if necessary (RESET successful) - If FCU 1+2 FAULT remains, pull again both C/B B05 on 49VU and M21 on 121VU - Push them after 7 min, with a delay of less than 5 s between side 1 and 2 - Wait for at least 30 s for FCU1 and FCU2 safety tests completion - CHECK the displayed targets and barometer reference, and correct them if necessary (RESET successful) FCU targets are synchronized on current aircraft values, and displayed as selected targets. - RE-ENTER the barometer altimeter setting value, if necessary.

La tabla de "computer reset" contempla la posibilidad de reiniciar el sistema ante una falla de FCU 1 o 2, o FCU 1+2. En ambos casos describe el procedimiento para llevarlo a cabo, tanto en tierra como en vuelo.

Fallas descriptas en QRH

Cuando el sistema de vuelo automático pierde información en modos de descenso y aproximación, se produce un reseteo automático.

Esto causa algunos efectos sobre el vuelo, pero no implican un riesgo para el mismo, siempre y cuando, el piloto tome las acciones correspondientes. Por otra parte, el sistema de vuelo automático también posee un detector de baja energía del avión, no referente a la energía eléctrica sino a la potencia de la aeronave que le da una determinada velocidad segura de vuelo.

Biblioteca Aeronáutica	ABNORMAL AND EMERGENCY PROCEDURES	22.01

LOSS OF FMS DATA IN DESCENT/APPROACH (SEVERE RESET)

AP/FD lateral and vertical selected modes, and A/THR, are available immediately after the reset. If necessary, the pilot may perform the FCU selections for short-term navigation.

When the FMS has automatically recovered:
- The database cycle may have changed
- The FMGS does not autotune the ILS and ADF
- The FMS position bias is lost
- Lateral and vertical managed modes cannot re-engage
- The "CAB PR LDG ELEV FAULT " message is displayed on the ECAM
- A "MAP NOT AVAIL" message may be displayed on one ND.

Depending on the flight phase, apply the following procedure(s) as appropriate:

■ **INITIAL APPROACH OR CLOSE TO ILS INTERCEPTION:**

● **When the system has recovered:**

Access the RAD NAV Page, and manually tune the ILS (preferably using IDENT). Enter the ILS course, if a frequency has been entered.

Fly in selected speed.

Note: - *LOC and G/S guidance modes are available*
- *VLS speed is still available and displayed on the PFD*
- *Missed approach trajectory is not available.*

■ **DESCENT (IF TIME PERMITS) :**

● **When the system has recovered:**

Select the initial database

Perform DIR TO a downpath waypoint. Select heading, if required.

Perform a LAT REV at the downpath waypoint and redefine the DESTINATION in the NEW DEST field.

Redefine the arrival and/or the approach procedure.

Select the FUEL PRED Page, and enter the GW.

Activate the APPROACH phase.

Enter destination data on the PERF APPR Page, as required. Managed speed is available.

Una vez que el sistema se ha recuperado, podría aparecer el mensaje de MAP NOT AVAIL en el ND, o el mensaje falla LDG ELEV en el ECAM, e incluso, el sistema ya no sería capaz de auto sintonizar las frecuencias de las radio ayudas, por lo que el piloto deberá seleccionarlas manualmente. Seguido a ello, el QRH divide el procedimiento en dos, dependiendo de la fase de vuelo en la que se encuentre la aeronave.

Durante la aproximación o cerca de interceptar el ILS, se deberá seleccionar manualmente, las frecuencias y cursos específicos para volar un determinado procedimiento ILS. Nótese que se agrega la información de que no estará disponible el track de missed approach en el ND, pero el piloto sí contará con la información del LOC y el GS sobre el PFD.

Durante el descenso, la primera acción será realizar un DIRECT TO hacia el próximo punto de la navegación. El sistema necesita volver a tener la información del destino, por lo que el piloto deberá volver a cargar el aeropuerto de destino desde la sección LAT REV, NEW DEST sobre la unidad MCDU. Seguido a ello, desde la página FUEL PRED, es necesario volver a ingresar el GW para que el sistema realice todos los cálculos de velocidad, tiempo y consumo. Por último, se activará la fase de aproximación y se deberán ingresar todos los datos de la misma nuevamente.

Si bien esta situación no requiere ninguna acción ECAM, es importante que se sigan los pasos detallados en el QRH, a fin de abastecer al sistema con toda la información que necesita para las predicciones de vuelo.

Continuando con el segundo ítem de la sección ABN Auto Flight, se trata de una advertencia de baja velocidad, seguida de una indicación mandatoria de incrementar la potencia y ajustar el pitch hasta que la alarma que indica: SPEED SPEED SPEED, se detenga.

Biblioteca Aeronáutica	ABNORMAL AND EMERGENCY PROCEDURES	22.02

LOW ENERGY WARNING

The "SPEED SPEED SPEED" synthetic voice sounds every 5 s whenever the aircraft energy goes below a threshold under which thrust must be increased.

"SPEED SPEED SPEED"

Increase the thrust until the warning stops and, depending on the circumstances, adjust the pitch accordingly.

Nótese que el QRH no describe acciones o pasos a seguir, ademas de los mencionados anteriormente y descriptos en el texto justo debajo del anuncio de la alarma sonora.

Capítulo 6

Limitaciones del sistema automático de vuelo

Este manual es solo para entretenimiento y/o entrenamiento. NO VÁLIDO PARA VUELO REAL. Para tal fin, por favor dirigirse a los manuales originales de Airbus en sus respectivos módulos.

Introducción

Las limitaciones sobre el vuelo automático se basan en limitaciones generales (funciones AP y A/THR, FMS, GPS, modos de vuelo y operaciones NPA) y limitaciones específicas (aproximación automática, aterrizaje y despegues).

Limitaciones generales

Piloto Automático (AP): Las limitaciones sobre el sistema AP no sólo se refiere a sus funciones, sino también al uso del mismo por parte de los pilotos.

La primera limitación es la altura a la cual el AP podría ser conectado. Esta limitación es una altura de 100 pies AGL (above ground level). Adicionalmente, el sistema FMGS impide que el piloto automático se active durante los 5s después del despegue.

Las limitaciones de alturas mínimas para el uso del AP se aplican a todas las fases de vuelo, dependiendo de la aproximación a realizar.

Durante una aproximación de no precisión (NPA), la altura mínima para mantener el AP conectado es la MDA o la MDH. Luego de pasar este punto, el piloto debe desconectar el AP y aterrizar manualmente.

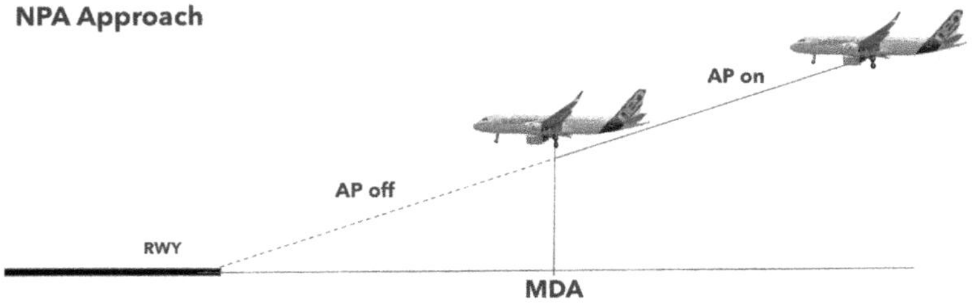

Durante una aproximación de precisión (ILS), la altura mínima para mantener el AP conectado es el DA o el DH. Luego de pasar este punto, el piloto debe desconectar el AP y aterrizar manualmente.

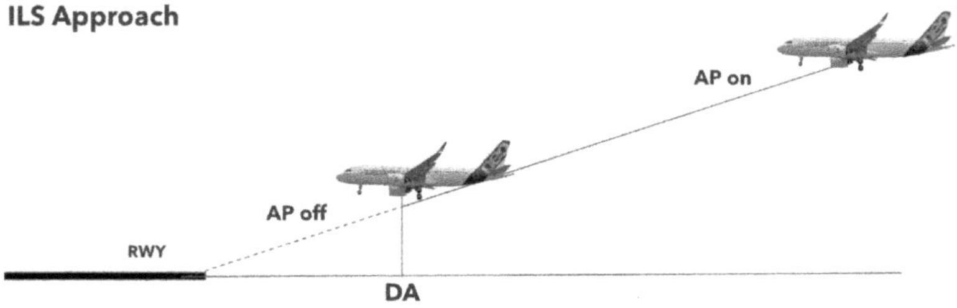

Durante una aproximación ILS, si el FMA no indica CAT2 o CAT3, la altura mínima para mantener el AP conectado es la DA o la DH. Luego de pasar este punto, el piloto debe desconectar el AP y aterrizar manualmente.

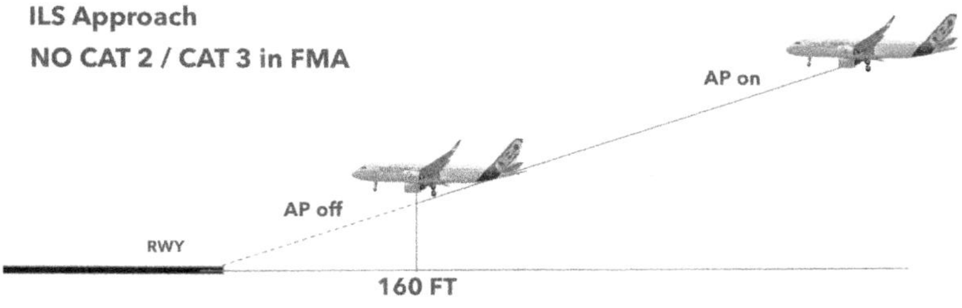

Durante una circulación visual, la altura mínima para mantener el AP conectado es la MDA - 100 FT. Luego de pasar este punto, el piloto debe desconectar el AP y aterrizar manualmente.

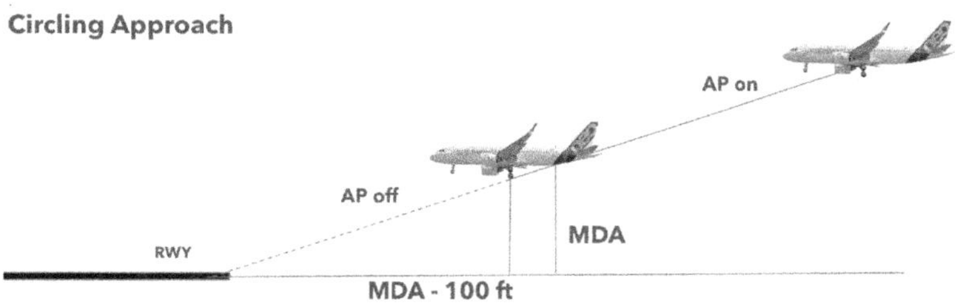

Durante una aproximación frustrada, la altura mínima para conectar el AP es de 100 FT.

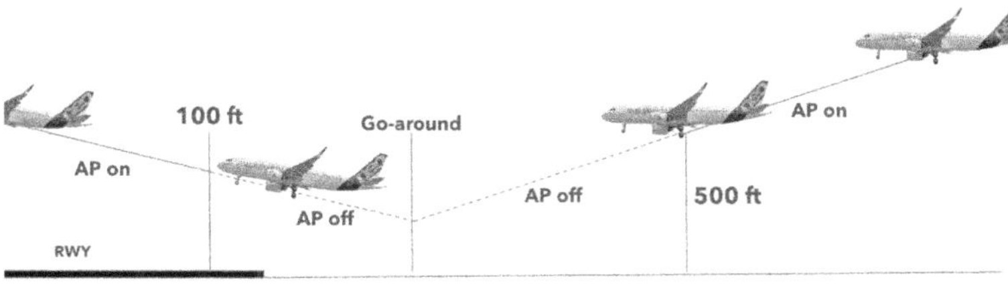

Para el resto de las fases de aproximación, la limitación mínima de altura para mantener el AP conectado es de 500 FT. Por ejemplo, durante un enfoque visual.

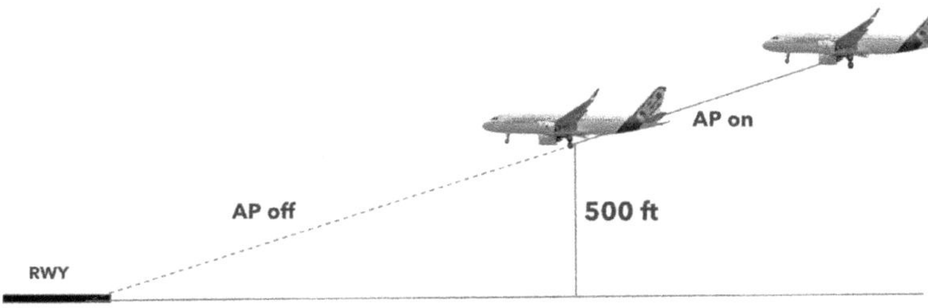

Para evitar que la aeronave vuele por debajo de los mínimos, los pilotos tienen que recordar que el uso del AP o FD en modo OPEN DES o DES no está permitido en la aproximación, a menos que la altitud en el FCU se establezca en, o por encima, de la MDA (MDH) o 500 pies, lo que sea más alto.

Empuje Automático (A/THR): En cuanto a las limitaciones del sistema A/THR, los pilotos tienen que considerar que el uso del autothrust está aprobado con, o sin, AP/FD en modo selected o managed.

FMGS: La navegación lateral y vertical ha sido certificada para posterior al despegue, en ruta, y las operaciones en el área terminal, para los procedimientos de aproximación por instrumentos (excepto ILS, LOC, LOC-BC, LDA, FDS y MLS), y para los procedimientos de aproximación frustrada.

	With AP ON in NAV	With AP OFF and FD ON in NAV	With AP OFF and FD OFF
En route	1 nm	1 nm	1.1 nm
In terminal area	0.5 nm	0.51 nm	0.51 nm
In approach	0.3 nm	0.3 nm	Not authorized

Sin GPS PRIMARY (o GPS inoperativo), se ha demostrado la precisión, siempre que se compruebe o introduzca el valor RNP apropiado en la MCDU, y se muestre alta precisión.

El FMGS también está certificado para la navegación dentro del espacio aéreo BRNAV, PRNAV, RNP-4 y RNP-10. Las operaciones de área oceánica/remota de RNP 10 están aprobadas con o sin GPS PRIMARY siempre que se establezcan limitaciones de tiempo de IRS en la navegación. La aprobación del sistema FMGS se basa en la suposición de que la base de datos de navegación se ha validado para el uso previsto. La eliminación de obstáculos y el cumplimiento de las limitaciones del espacio aéreo siguen siendo responsabilidad de la tripulación de vuelo. El combustible, las predicciones de tiempo y la información de rendimiento se proporcionan únicamente con fines de asesoramiento. El modo NAV se puede utilizar después del despegue, siempre que se haya comprobado la actualización de la pista en el FMGS.

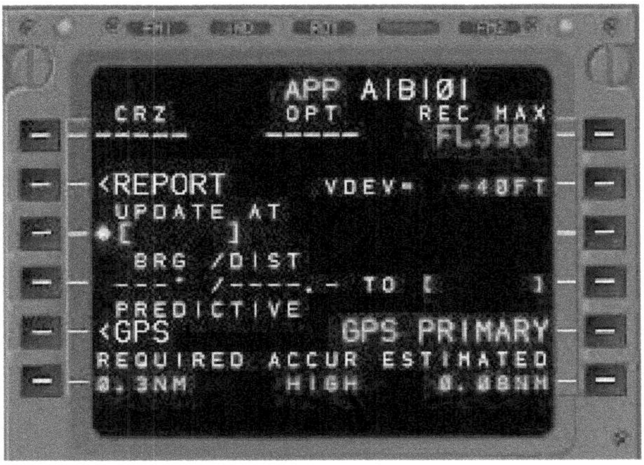

Para ciertos aeropuertos, donde la diferencia entre el sistema de coordenadas local y WGS 84 (estándar geodésico utilizado por GPS, FMS) no es despreciable, una guía nav incorrecta puede ocurrir después del despegue. El GPS debe ser desactivado para el despegue de estos aeropuertos, hasta que se alcance una altitud segura.

Modos managed en NPA: Los modos NAV y FINAL APP se pueden utilizar para aproximaciones VOR, VOR/ DME, NDB, NDB / DME o RNAV (incluyendo GPS), pero no para aproximaciones ILS, LOC, LOC-BC, LDA, SDF.

De acuerdo con las certificaciones, la capacidad de guía del modo FINAL APP con GPS PRIMARY se ha demostrado hasta una MDH/DH (barométrico) de 250 FT o superior.

Se pueden realizar procedimientos de aproximación VOR, VOR/DME, NDB o NDB/DME, en modo NAV, NAV y FINAL APP, siempre que se utilice AP o FD, y:

- GPS PRIMARY está disponible. En este caso, la NAVAID de referencia puede ser inservible, o el equipo radioeléctrico aerotransportado puede no estar operativo, o no estar instalado, siempre que se obtenga la aprobación operativa.

Sin GPS PRIMARY:

- El NAVAID de referencia y el equipo aerotransportado correspondiente es útil, sintonizado y monitoreado durante la aproximación.

- La cobertura radioeléctrica NAVAID soporta el valor RNP, especificado para el procedimiento de aproximación, y se obtiene una aprobación operativa.

El modo NAV se puede utilizar en el área del terminal, siempre que: GPS PRIMARY esté disponible o se muestre alta precisión, y se compruebe o se introduzca el valor RNP apropiado en la MCDU y se supervisen los datos sin procesar de NAVAID.

En caso de fallo del motor, los pilotos tienen que llevar a cabo una aproximación con un motor inoperativo. En este caso, no está permitido utilizar el piloto automático para realizar NPAs en los siguientes modos: FINAL APP, NAV V/S, NAV/FPA. Sólo se permite el uso de FD.

Limitaciones específicas

ILS CAT II - III: Cuando se habla de ILS CAT II y III, las limitaciones mínimas se definen como alturas en lugar de altitud como en todos los demás casos. Para un ILS CAT II, la altura mínima de decisión es 100FT y se muestra como DH.

Para llevar a cabo este tipo de aproximaciones, los pilotos tienen que considerar la limitación que se requiere de, al menos, un piloto automático activado en modo APPR, y CAT 2, CAT 3 SINGLE o CAT 3 DUAL deben mostrarse en el FMA. Si la tripulación de vuelo realiza una aproximación automática sin autoland, el piloto automático debe ser desconectado a más tardar a los 80 PIES.

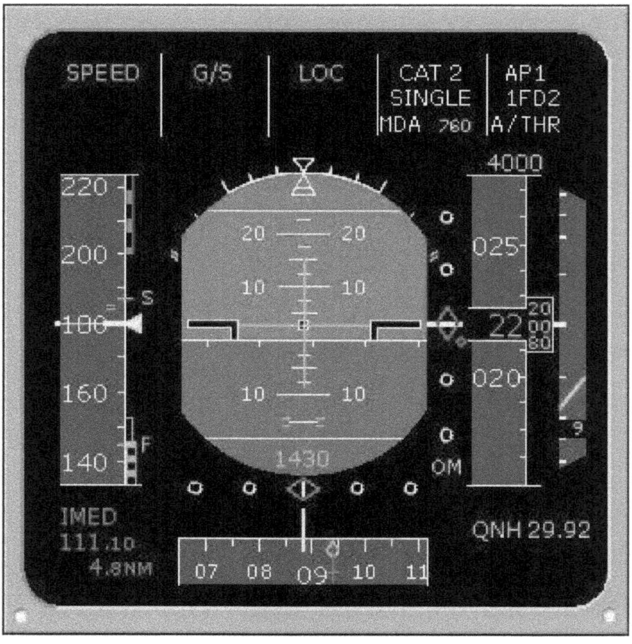

Las operaciones ILS CAT III se dividen en dos: fail passive (CAT III single) y fail operational (CAT III dual). Para fail passive, la altura mínima de decisión es de 50FT con la misma limitación que CAT II: al menos un piloto automático debe estar activado en modo APPR, y CAT 3 SINGLE o CAT 3 DUAL debe mostrarse en el FMA. Además, el A/THR debe utilizarse en la velocidad seleccionada o automática.

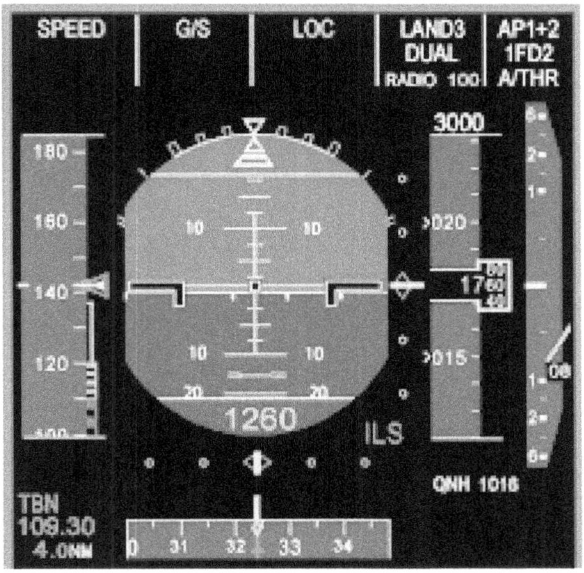

En caso de fail operational, antes de alcanzar los mínimos, la aeronave cruza una altura de alerta (AH) para alertar a los pilotos sobre cualquier situación anormal. Después de pasar la AH, la aeronave continúa de acuerdo con el procedimiento con o sin DH. En todos los casos, el A/THR debe utilizarse en velocidad seleccionada o automática.

Para ILS CATIII fail operational con DH, el mínimo es 25FT y requiere que dos pilotos automáticos deben estar activados en modo APPR y CAT 3 DUAL debe mostrarse en el FMA.

Cuando se opera sin DH, no hay una altura mínima, pero existe una limitación RVR (rango visual de pista) de 75 metros. Al igual que antes, requiere que dos pilotos automáticos deben estar activados en modo APPR y CAT 3 DUAL debe mostrarse en el FMA.

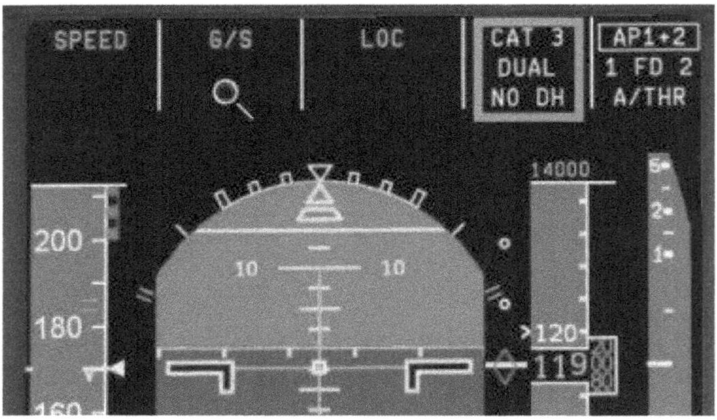

En caso de operaciones con un motor inoperativo, CAT II y CAT III fail passive autoland sólo se aprueban en la configuración FULL, y si el procedimiento de falla de motor se completa antes de llegar a 1.000FT en aproximación. En todos los casos mencionados, la limitación para las condiciones máximas de viento es: 30KT para viento de frente, 10KT para viento de cola y 20KT para viento cruzado.

Los pilotos tienen que considerar que la limitación del viento se basa en el viento de superficie reportado por el ATC. Si el viento mostrado en ND excede las limitaciones de autoland mencionadas anteriormente, pero la torre informa de un viento de superficie dentro de las limitaciones, entonces el piloto automático puede permanecer conectado. Si la torre reporta un viento superficial más allá de las limitaciones, solo se puede realizar la aproximación automática CAT I sin autoland.

Aterrizaje automático: En las operaciones CAT II y CAT III, los autoland están aprobados en CONF 3 y CONF FULL. El rendimiento de este procedimiento ha sido aprobado en pistas secas y mojadas, pero no se ha demostrado el rendimiento en pistas cubiertas de nieve o heladas. Los pilotos tienen que considerar que el aterrizaje automático se demuestra en las siguientes condiciones:

- Con un ángulo de pendiente dentro del rango (-2.5°, -3.15°).
- Igual o por debajo del peso máximo de aterrizaje.
- Para la elevación de aeropuertos a 6.500FT o por debajo..
- A la velocidad de aproximación (VAPP) = VLS + corrección del viento. Corrección mínima del viento 5 kt, corrección máxima del viento 15 kt.

Aterrizaje automático en CAT I: El rendimiento del sistema de aterrizaje automático se ha demostrado en pistas equipadas con aproximaciones CAT II o CAT III ILS. No obstante, es posible el aterrizaje automático en un ILS CAT I si se toman las siguientes precauciones:

- La aerolínea haya comprobado que la calidad del ILS y el perfil del terreno antes de la pista no tienen ningún efecto adverso en la trayectoria guiada por el sistema AP/FD. En particular, debe evaluarse el efecto de las discontinuidades del terreno dentro de los 300 metros antes del umbral de la pista.
- La tripulación es consciente de que pueden producirse fluctuaciones del LOC o GS, independientemente de los sistemas de la aeronave, y el PF está preparado para desconectar inmediatamente el AP y tomar las medidas adecuadas, en caso de que se produzca una trayectoria insatisfactoria.

Aterrizaje automático en Johannesburgo: algunos aeropuertos del mundo requieren procedimientos especiales para sus operaciones. Por ejemplo, en el aeropuerto de Johannesburgo existe un procedimiento especial para realizar un aterrizaje automático. Para este aeropuerto, los pilotos tienen que considerar no realizar un aterrizaje automático en la pista Johannesburgo 03R/21L. La tripulación de vuelo puede realizar una aproximación automática CAT II, pero la tripulación de vuelo debe desconectar el AP a más tardar en 80FT AGL.

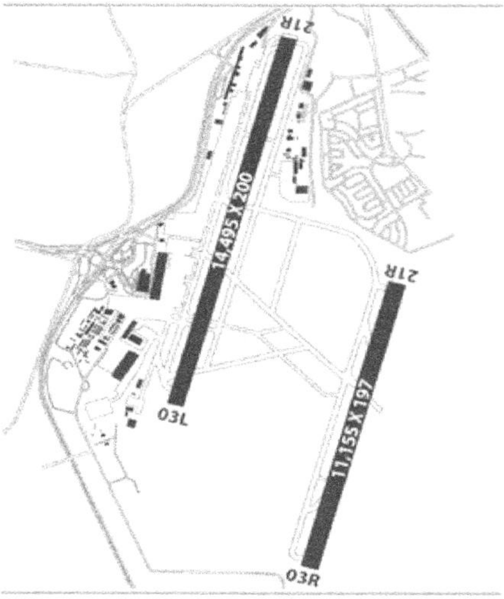

Aviation Bookstore

aviation step by step

Aviation Bookstore
aviation step by step

www.ingramcontent.com/pod-product-compliance
Lightning Source LLC
LaVergne TN
LVHW051927051126
851857LV00020B/2051
* 9 7 9 8 2 5 6 1 9 9 2 4 1 *